职业教育**数字媒体应用**
人才培养系列教材

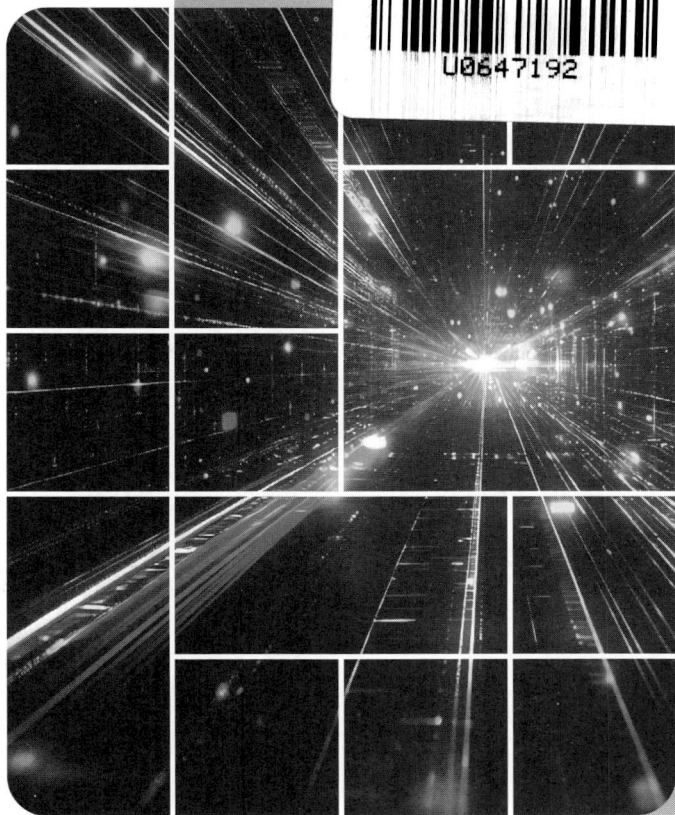

电子活页微课版

Premiere
实例教程

Premiere Pro 2021
·第·2·版·

张绨 张小志◎主编　宋天维 王素焕◎副主编

人民邮电出版社
北京

图书在版编目（CIP）数据

Premiere 实例教程 ：Premiere Pro 2021 ：电子活页微课版 / 张绨，张小志主编. -- 2 版. -- 北京 ：人民邮电出版社，2025. --（职业教育数字媒体应用人才培养系列教材）. -- ISBN 978-7-115-66573-7

Ⅰ. TN94

中国国家版本馆 CIP 数据核字第 2025137JA2 号

内 容 提 要

本书全面、系统地介绍 Premiere 的基本操作方法及影视编辑技巧，内容包括 Premiere Pro 2021 基础，影视剪辑技术，视频过渡效果，视频效果应用，调色、合成与键控，字幕与字幕效果，添加与调整音频，项目输出，综合设计实训。

本书既注重基础知识的学习，又注重实践性应用。书中除第 1 章和第 8 章，其他章皆以实际案例为主线。通过案例中的具体操作，学生可以快速熟悉软件功能和影视后期编辑思路。通过书中的软件功能解析，学生能够深入学习软件功能及影视编辑制作技术。章后的课堂练习和课后习题，可以增强学生的实际应用能力。最后一章综合设计实训可以帮助学生快速地掌握商业影视设计的设计理念和设计元素，顺利达到实战水平。

本书可作为职业院校"数字媒体艺术"相关专业课程的教材，也可作为 Premiere 自学人员的参考书。

◆ 主　　编　张　绨　张小志
　　副 主 编　宋天维　王素焕
　　责任编辑　马　媛
　　责任印制　王　郁　焦志炜

◆ 人民邮电出版社出版发行　　北京市丰台区成寿寺路 11 号
　　邮编　100164　电子邮件　315@ptpress.com.cn
　　网址　https://www.ptpress.com.cn
　　大厂回族自治县聚鑫印刷有限责任公司印刷

◆ 开本：787×1092　1/16
　　印张：13.25　　　　　　　2025 年 5 月第 2 版
　　字数：377 千字　　　　　　2025 年 5 月河北第 1 次印刷

定价：59.80 元

读者服务热线：(010)81055256　印装质量热线：(010)81055316
反盗版热线：(010)81055315

前言

　　Premiere 是 Adobe 公司开发的影视编辑软件。它功能强大、易学易用，深受广大影视制作爱好者和影视后期编辑人员的喜爱，已经成为这一领域非常流行的软件之一。目前，我国很多高职院校的数字媒体艺术专业都将 Premiere 作为一门重要的专业课程。为了帮助高职院校的教师全面、系统地讲授这门课程，使学生能够熟练地使用 Premiere 进行影视编辑，我们几位长期在高职院校从事 Premiere 教学的教师与专业影视制作公司经验丰富的设计师合作，共同编写了本书。

　　我们对本书的编写体系做了精心的设计。第 1 章和第 8 章着重讲解软件功能，第 9 章着重讲解综合设计实训，其他章按照"课堂案例→软件功能解析→课堂练习→课后习题"这一思路进行编排，力求通过课堂案例演练，帮助学生快速熟悉软件功能和影视设计思路；通过软件功能解析，帮助学生深入学习软件功能和制作技巧；通过课堂练习和课后习题，增强学生的实际应用能力。在内容编写方面，本书力求通俗易懂、细致全面；在文字叙述方面，本书注意言简意赅、突出重点；在案例选取方面，本书强调案例的针对性和实用性。

　　云盘中包含本书所有案例的素材及效果文件。另外，为了便于教师教学，本书配备课堂练习和课后习题的详细操作视频、PPT 课件、教学教案和教学大纲等丰富的教学资源。任课教师可登录人邮教育社区（www.ryjiaoyu.com）免费下载使用。本书的参考学时为 60 学时，其中，实训环节为 30 学时，各章的参考学时见下面的学时分配表。

前言

学时分配表

章	课程内容	学时分配	
		讲授/学时	实训/学时
第 1 章	Premiere Pro 2021 基础	2	—
第 2 章	影视剪辑技术	4	4
第 3 章	视频过渡效果	4	4
第 4 章	视频效果应用	4	4
第 5 章	调色、合成与键控	4	4
第 6 章	字幕与字幕效果	4	4
第 7 章	添加与调整音频	4	4
第 8 章	项目输出	2	—
第 9 章	综合设计实训	2	6
学时总计		30	30

由于编者水平有限，书中难免存在不妥之处，敬请广大读者批评指正。

编 者

2024 年 11 月

目 录

目 录

目 录

目录

教学资源

资源名称	数量	资源名称	数量
教学大纲	1 套	课堂案例	26 个
教学教案	9 单元	课堂练习	8 个
PPT 课件	9 个	课后习题	8 个

配套视频列表

章	名称	章	名称
第 2 章 影视剪辑 技术	剪辑武汉城市形象宣传片视频	第 5 章 调色、合成 与键控	调整花开美景短视频的花朵颜色
	重组番茄的故事宣传片视频		调整森林美景宣传片的画面颜色
	添加篮球公园宣传片中的彩条	第 6 章 字幕与 字幕效果	制作饭庄宣传片片头的遮罩文字
	剪辑超市宣传短视频		编辑旅行节目片头的宣传文字
	重组璀璨烟火宣传片视频		制作动物世界纪录片的滚动字幕
第 3 章 视频过渡 效果	设置校园生活短片的转场		制作霞浦旅游宣传片片头的消散文字
	添加唯美古风短视频的转场		制作京城故事宣传片片头的模糊文字
	添加美食创意宣传片的转场	第 7 章 添加与 调整音频	调整丹霞地貌宣传片的音效
	添加家居短视频的转场		合成都市生活短视频片头的音频
	添加中秋纪念电子相册的转场		添加动物世界宣传片的音频效果
	添加北京大栅栏短视频的转场		编辑壮丽黄河纪录片的音效
第 4 章 视频效果 应用	制作武汉城市形象宣传片的波纹转场		调整都市生活短视频的音频
	制作都市生活短视频的卷帘转场	第 9 章 综合设计 实训	制作武汉城市形象宣传片
	制作青春生活短视频的翻页转场		制作中华美食栏目包装
	制作武汉城市形象宣传片的梦幻效果		制作智能家电电商广告
	制作平遥古城城市形象宣传片的旋转 转场		制作环保广告宣传片
第 5 章 调色、合成 与键控	制作古风短视频的绘画效果		制作传统节日 MV
	制作影视效果短视频的怀旧效果		设计古迹绮春园纪录片
	调整风景短视频的画面颜色		设计校园生活宣传片
	抠取唯美古风短视频中的人物		设计大雪节气宣传片
	抠取折纸素材并合成到栏目片头		设计旅行节目片头

扩展知识扫码阅读

设计基础

✔认识形体

✔透视原理

✔认识设计

✔认识构成

✔形式美法则

✔点线面

✔基本型与骨骼

✔认识色彩

✔认识图案

✔图形创意

✔版式设计

✔字体设计

>>>

设计应用

✔创意绘画

✔图标设计

✔装饰设计

✔VI设计

✔UI设计

✔UI动效设计

✔标志设计

✔包装设计

✔广告设计

✔文创设计

✔网页设计

✔H5页面设计

✔电商设计

✔MG动画设计

✔网店美工设计

✔新媒体美工设计

01

第 1 章
Premiere Pro 2021 基础

本章对 Premiere Pro 2021 进行概述性的介绍，并对其基本操作进行详细讲解。通过对本章的学习，读者可以快速了解并掌握 Premiere Pro 2021 的入门知识，为学习后续章节打下坚实的基础。

学习目标

- ◇ 了解 Premiere Pro 2021 基础知识。
- ◇ 熟练掌握 Premiere Pro 2021 的基本操作。

技能目标

- ◇ 熟悉 Premiere Pro 2021 的操作界面。
- ◇ 熟练掌握项目的基本操作方法。

素养目标

- ◇ 培养在 Premiere Pro 2021 学习中不断加强学习兴趣的能力。
- ◇ 培养获取 Premiere Pro 2021 新知识的基本能力。
- ◇ 树立文化自信、职业自信。

1.1 Premiere Pro 2021 概述

Premiere Pro 2021 是由 Adobe 公司基于 macOS 和 Windows 平台开发的一款非线性剪辑软件，被广泛应用于电视节目制作、广告制作和电影制作等领域。初学 Premiere Pro 2021 的读者在启动 Premiere Pro 2021 后，可能会对操作界面或面板感到束手无策。本节将对 Premiere Pro 2021 的操作界面、"项目"面板、"时间轴"面板、"监视器"窗口和其他功能面板及菜单命令进行讲解。

1.1.1 操作界面

Premiere Pro 2021 的操作界面如图 1-1 所示。从图 1-1 中可以看出，Premiere Pro 2021 的操作界面由标题栏、菜单栏、"效果控件"面板、"时间轴"面板、"工具"面板、预设工作区、"效果"面板、"源"/"节目"窗口、"音频仪表"面板、"基本图形"面板、"项目"/"媒体浏览器"面板组等组成。

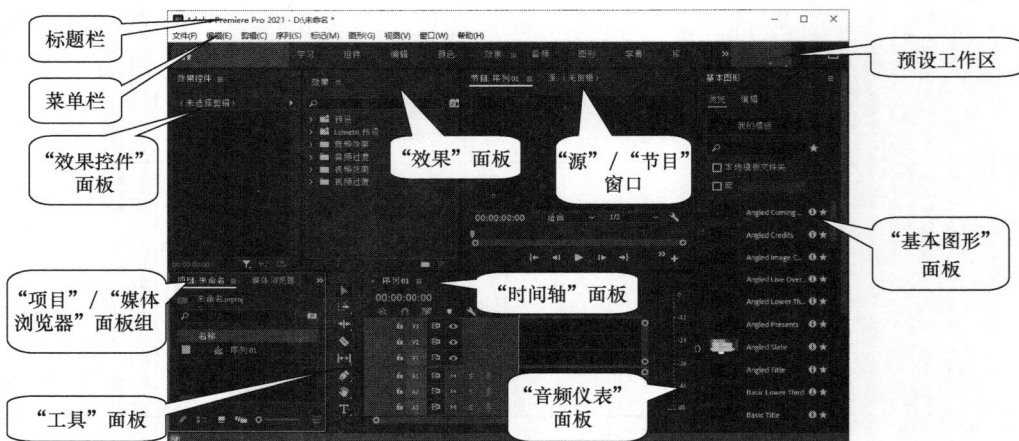

图 1-1

1.1.2 "项目"面板

"项目"面板主要用于输入、组织和存放供"时间轴"面板剪辑合成的原始素材，如图 1-2 所示。按 Ctrl+PageUp 组合键，切换到列表状态，如图 1-3 所示。

单击"项目"面板上方的 ☰ 按钮，在弹出的菜单中可以选择面板及相关功能的显示/隐藏方式，如图 1-4 所示。

图 1-2

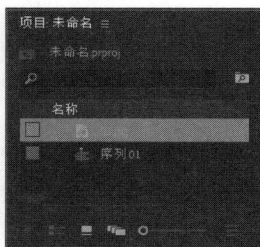

图 1-3

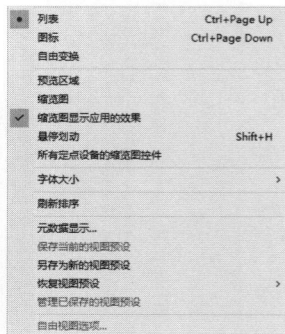

图 1-4

在图标状态时，将鼠标指针置于视频素材图标下方的视频进度条上左右移动，可以查看不同时间点的视频内容。

在列表状态时，可以查看素材的基本属性，包括素材的名称、媒体格式、视音频信息、数据量等。

"项目"面板下方的工具栏中共有 10 个功能按钮和 1 个滑动条，从左至右分别为"项目可写"按钮■／"项目只读"按钮■、"列表视图"按钮■、"图标视图"按钮■、"自由变换视图"按钮■、"调整图标和缩略图的大小"滑动条■、"排序图标"按钮■、"自动匹配序列"按钮■、"查找"按钮■、"新建素材箱"按钮■、"新建项"按钮■和"清除"按钮■。各按钮的含义如下。

"项目可写"按钮■／"项目只读"按钮■：单击此按钮，可以将项目文件变为只读或可写模式。

"列表视图"按钮■：单击此按钮，可以将"项目"面板中的素材以列表形式显示。

"图标视图"按钮■：单击此按钮，可以将"项目"面板中的素材以图标形式显示。

"自由变换视图"按钮■：单击此按钮，可以将"项目"面板中的素材以自由变换形式显示。

"调整图标和缩略图的大小"滑动条■：拖曳滑块可以将"项目"面板中的素材图标和缩略图放大或缩小。

"排序图标"按钮■：在图标状态下以不同的方式对项目素材进行排序。

"自动匹配序列"按钮■：单击此按钮，可以将选中的素材按顺序自动排列到"时间轴"面板中。

"查找"按钮■：单击此按钮，可以按提示快速找到目标素材。

"新建素材箱"按钮■：单击此按钮，可以新建文件夹，以便管理素材。

"新建项"按钮■：单击此按钮，可以在弹出的菜单中选择命令以创建新的素材文件。

"清除"按钮■：选中不需要的文件，单击此按钮，即可将其删除。

1.1.3 "时间轴"面板

"时间轴"面板是 Premiere Pro 2021 的核心部分，在剪辑影片的过程中，大部分工作都是在"时间轴"面板中完成的。通过"时间轴"面板，可以轻松地实现对素材的剪辑、插入、复制、粘贴、修整等操作，如图 1-5 所示。

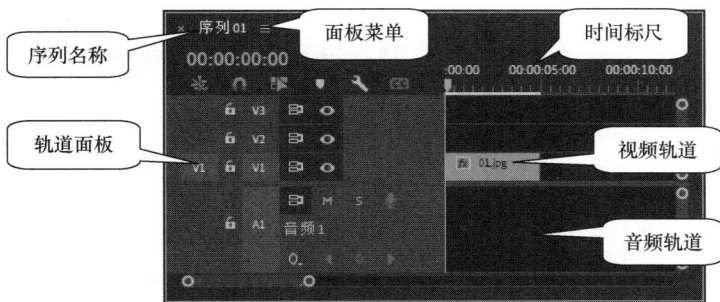

图 1-5

"将序列作为嵌套或个别剪辑插入并覆盖"按钮■：单击此按钮，可以将序列作为一个嵌套或个别剪辑文件插入"时间轴"面板并覆盖文件。

"对齐"按钮■：单击此按钮，可以启动吸附功能，在"时间轴"面板中拖曳素材时，素材将自动贴合到邻近素材的边缘。

"链接选择项"按钮■：单击此按钮，可以链接所有开放序列。

"添加标记"按钮■：单击此按钮，可以在当前帧的位置设置标记。

"时间轴显示设置"按钮 🔧：可以设置"时间轴"面板的显示选项。

"字幕轨道选项"按钮 CC：可以显示或隐藏字幕轨道。

"切换轨道锁定"按钮 🔒：单击该按钮，当按钮变成 🔒 形状时，当前轨道被锁定，处于不可编辑状态；当按钮变成 🔓 形状时，可以编辑该轨道。

"切换同步锁定"按钮 🔗：默认为启用状态，当进行插入、波纹删除或波纹剪辑操作时，编辑点右侧的内容会发生移动。

"切换轨道输出"按钮 👁：单击此按钮，可以设置是否在"监视器"窗口中显示该影片。

"静音轨道"按钮 M：激活该按钮，可以设置为静音，未激活则播放声音。

"独奏轨道"按钮 S：激活该按钮，可以设置独奏轨道。

折叠/展开轨道：双击右侧的空白区域，可以折叠或展开视频轨道工具栏或音频轨道工具栏。

"显示关键帧"按钮 ◎：单击此按钮，可以选择显示当前关键帧的方式。

"转到下一关键帧"按钮 ▶：可以设置将时间标签定位在被选素材轨道的下一个关键帧上。

"添加/移除关键帧"按钮 ◎：在时间标签所处的位置，或在轨道中被选素材的当前位置添加或移除关键帧。

"转到前一关键帧"按钮 ◀：可以将时间标签定位在被选素材轨道的上一个关键帧上。

滑块 ◎——◎：放大或缩小轨道中素材的显示区域。

时间码 00:00:00:00：显示影片播放的进度。

序列名称：单击相应的标签可以在不同的节目间切换。

轨道：对轨道的显示、锁定等参数进行设置。

时间标尺：对剪辑的组进行时间定位。

面板菜单：对时间单位及剪辑参数进行设置。

视频轨道：可以编辑视频、图形、字幕和效果的轨道。

音频轨道：可以编辑录音、音效、音乐，录制声音的轨道。

1.1.4　"监视器"窗口

"监视器"窗口分为"源"窗口和"节目"窗口，分别如图 1-6 和图 1-7 所示，所有编辑或未编辑的影片片段都在此显示效果。

图 1-6

图 1-7

"添加标记"按钮 ♥：为影片片段设置标记。

"标记入点"按钮 {：设置当前影片的起始点。

"标记出点"按钮 }：设置当前影片的结束点。

"转到入点"按钮 ⊦←：单击此按钮，可将时间标签移到起始点位置。

"后退一帧（左侧）"按钮 ◀｜：对素材进行逐帧倒播的控制按钮，单击该按钮，播放就会后退 1 帧，按住 Shift 键的同时单击此按钮，后退 5 帧。

"播放-停止切换"按钮 ▶ / ■：控制"监视器"窗口中素材的时候，单击此按钮会从"监视器"窗口中时间标签的当前位置开始播放或停止；在"节目"窗口中，在播放时按 J 键可以进行倒播。

"前进一帧（右侧）"按钮 ｜▶：对素材进行逐帧播放的控制按钮，单击该按钮，播放就会前进 1 帧，按住 Shift 键的同时单击此按钮，前进 5 帧。

"转到出点"按钮 →｜：单击此按钮，可将时间标签移到结束点位置。

"插入"按钮 ▟：单击此按钮，当插入一段影片时，重叠的片段将后移。

"覆盖"按钮 ▟：单击此按钮，当插入一段影片时，重叠的片段将被覆盖。

"提升"按钮 ▟：用于将轨道上入点与出点之间的内容删除，删除之后留有空间。

"提取"按钮 ▟：用于将轨道上入点与出点之间的内容删除，删除之后不留空间，后面的素材会自动连接前面的素材。

"导出帧"按钮 ▣：可导出一帧的影视画面。

"比较视图"按钮 ▤：可以进入比较视图模式观看影视画面。

分别单击"源"窗口和"节目"窗口右下方的"按钮编辑器"按钮 ✚，弹出图 1-8 和图 1-9 所示的面板。面板中包含一些已有和未显示的按钮。

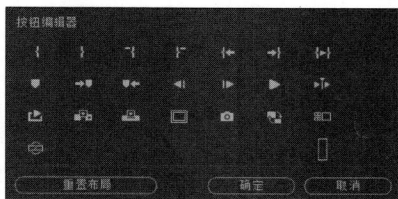

图 1-8

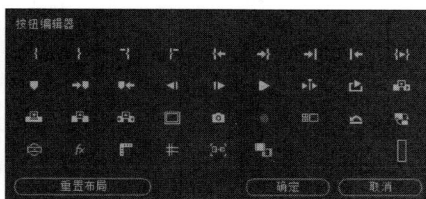

图 1-9

"清除入点"按钮 ⌐｜：清除设置的入点。

"清除出点"按钮 ｜⌐：清除设置的出点。

"从入点到出点播放视频"按钮 ⫸：单击此按钮，在播放素材时，只在定义的入点与出点之间播放素材。

"转到下一标记"按钮 →♥：将时间标签移动到当前位置的下一个标记处。

"转到上一标记"按钮 ♥←：将时间标签移动到当前位置的上一个标记处。

"播放邻近区域"按钮 ▶｜：单击此按钮，将播放时间标签当前所在位置前后 2 秒的内容。

"循环"按钮 ↻：控制循环播放的按钮，单击此按钮，"监视器"窗口就会循环播放素材，直至单击停止按钮。

"安全边距"按钮 ▢：单击该按钮，可以为影片设置安全边界线，以防影片画面太大使播放不完整，再次单击可隐藏安全线。

"切换代理"按钮 ▦：单击此按钮，可以在本机格式和代理格式之间切换。

"切换多机位视图"按钮 ▦：打开/关闭多机位视图。

"切换 VR 视频显示"按钮 ⊕：单击此按钮，可以快速切换到 VR 视频显示。

"转到下一个编辑点"按钮 →｜：表示转到同一轨道上当前编辑点的下一个编辑点。

"转到上一个编辑点"按钮 ｜←：表示转到同一轨道上当前编辑点的上一个编辑点。

"多机位录制开/关"按钮 ●：多机位录制的开/关。

"还原裁剪对话"按钮 ↺：可以还原裁剪的对话。

"全局 FX 静音"按钮 fx：单击此按钮，可以打开/关闭所有视频效果。

"显示标尺"按钮 ⌐ ：单击此按钮，可以打开/关闭标尺。

"显示参考线"按钮 ╫ ：单击此按钮，可以打开/关闭参考线。

"在'节目'窗口中对齐"按钮 ⋈ ：单击此按钮，可以在"节目"窗口中将图形对齐。

可以直接将面板中需要的按钮拖曳到下面的显示框中，如图 1-10 所示，松开鼠标左键，按钮将被添加到窗口中，如图 1-11 所示。单击"确定"按钮，所选按钮显示在相应窗口中，如图 1-12 所示。可以用相同的方法添加多个按钮，如图 1-13 所示。

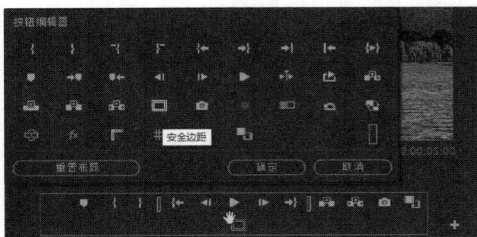

图 1-10

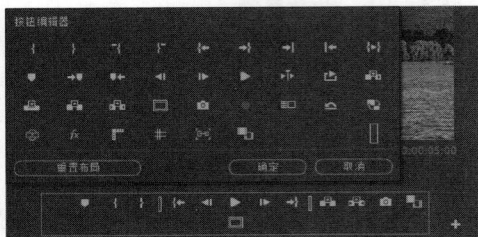

图 1-11

图 1-12

图 1-13

若要恢复默认的布局，再次单击窗口右下方的"按钮编辑器"按钮 ✚ ，在弹出的面板中单击"重置布局"按钮，再单击"确定"按钮，即可恢复。

1.1.5 其他功能面板

除了前文介绍的面板和窗口，Premiere Pro 2021 还提供了其他一些方便编辑操作的功能面板，下面对常用的几个面板进行介绍。

1. "效果"面板

"效果"面板存放着 Premiere Pro 2021 自带的各种预设、音频和视频的效果。这些效果按照功能分为六大类，包括预设、Lumetri 预设、音频效果、音频过渡、视频效果及视频过渡，每一个大类又细分为很多小类，如图 1-14 所示。用户安装的第三方效果插件也将出现在该面板的相应类别文件中。

2. "效果控件"面板

"效果控件"面板主要用于控制对象的运动、不透明度、过渡及效果等设置，如图 1-15 所示。

3. "音轨混合器"面板

使用"音轨混合器"面板可以更加有效地调节项目的音频，可以实时混合各轨道的音频对象，如图 1-16 所示。

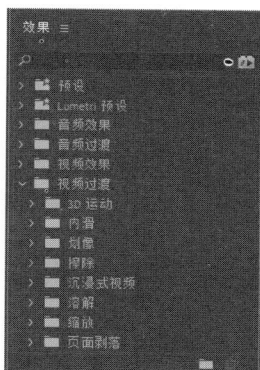
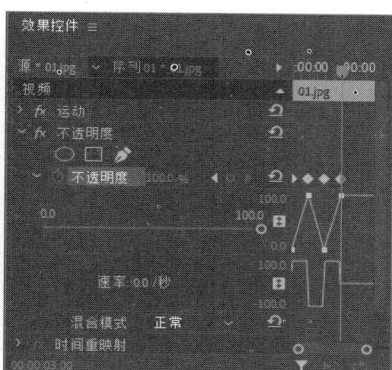
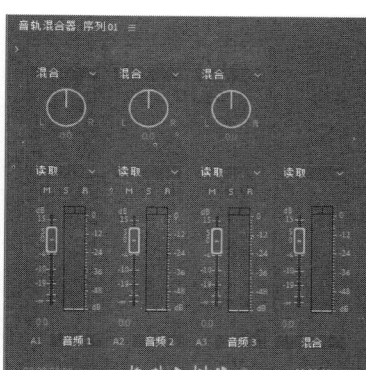

图 1-14　　　　　　　　　　　图 1-15　　　　　　　　　　　图 1-16

4．"历史记录"面板

"历史记录"面板可以记录用户从建立项目以来
进行的所有操作。如果在执行了错误操作后选择该面
板中相应的命令，即可撤销错误操作并返回到错误操
作之前的某一个状态，如图 1-17 所示。

5．"信息"面板

在 Premiere Pro 2021 中，"信息"面板作为一
个独立面板，其主要功能是集中显示所选定素材的各
项信息。对于不同的素材，"信息"面板的内容也不
相同，如图 1-18 所示。

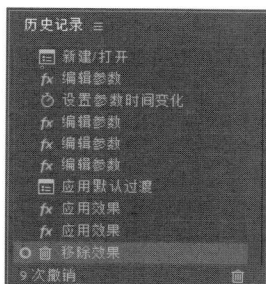
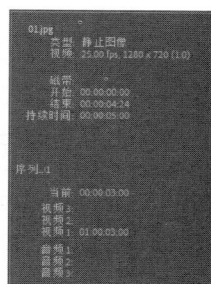

图 1-17　　　　　　　　图 1-18

在默认设置下，"信息"面板是空白的。如果
在"时间轴"面板中放入一段素材并选中它，"信息"面板将显示选中素材的信息；如果有过渡，
则显示过渡的信息；如果选定的是一段视频素材，"信息"面板将显示该素材的类型、持续时间、
帧速率、开始、结束及时间标签的位置；如果是静止图像，"信息"面板将显示该素材的类型、
大小、持续时间、帧速率、开始、结束及时间标签的位置。

6．"工具"面板

"工具"面板主要用来对"时间轴"面板中的音频、视频等内容进行编辑，如图 1-19 所示。

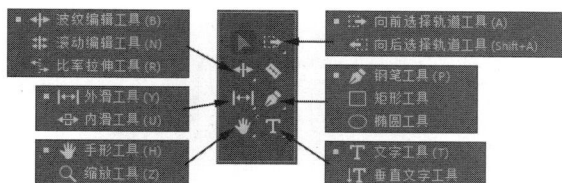

图 1-19

1.1.6　菜单命令

"文件"菜单主要用于新建、打开、保存、导入、导出、序列设置、打印内容等。

"编辑"菜单主要用于复制、粘贴、剪切、撤销、清除等。

"剪辑"菜单主要用于插入、覆盖、替换素材，自动匹配序列，编组，链接视音频等。

"序列"菜单主要用于在"时间轴"面板中对项目片段进行编辑、管理和设置轨道属性等。

"标记"菜单主要用于对"时间轴"面板中的素材标记和"监视器"窗口中的素材标记进行编辑

处理。

"图形"菜单主要用于新建和选择文本与图形。

"视图"菜单主要用于设置"监视器"窗口的回放分辨率、暂停分辨率、高品质回放、显示模式等。

"窗口"菜单主要用于管理操作界面的各个窗口和面板，包括预设工作区、"历史记录"面板、"工具"面板、"效果"面板、"源"窗口、"效果控件"面板、"节目"窗口和"项目"面板等。

"帮助"菜单主要用于帮助用户解决遇到的问题。

1.2 Premiere Pro 2021 基本操作

本节将详细介绍项目文件的相关操作，如新建项目文件、打开项目文件等；素材的相关操作，如素材的导入、移动、删除和对齐等。这些基本操作对于后期的制作至关重要。

1.2.1 项目文件操作

在启动 Premiere Pro 2021 开始进行影视制作时，必须先创建新的项目文件或打开已存在的项目文件，这是 Premiere Pro 2021 基本的操作之一。

1. 新建项目文件

（1）选择"开始>所有程序>Adobe Premiere Pro 2021"命令，或双击桌面上的 Adobe Premiere Pro 2021 快捷方式，打开软件。

（2）选择"文件>新建>项目"命令，或按 Ctrl+Alt+N 组合键，弹出"新建项目"对话框，如图 1-20 所示。在"名称"文本框中设置项目名称。单击"位置"下拉列表框右侧的 浏览 按钮，在弹出的对话框中选择项目文件的保存路径。在"常规"选项卡中设置视频渲染和回放、视频、音频及捕捉等，在"暂存盘"选项卡中设置捕捉的视频、视频预览、音频预览、项目自动保存等的暂存路径，在"收录设置"选项卡中设置收录选项。单击"确定"按钮，即可创建一个新的项目文件。

（3）选择"文件>新建>序列"命令，或按 Ctrl+N 组合键，弹出"新建序列"对话框，如图 1-21 所示，在"序列预设"选项卡中选择项目文件格式，如"DV-PAL"制式下的"标准 48kHz"，右侧的"预设描述"区域中将列出相应的项目信息。在"设置"选项卡中可以设置编辑模式、时基、视频帧大小、像素长宽比、音频采样率等信息。在"轨道"选项卡中可以设置视音频轨道的相关信息。在"VR 视频"选项卡中可以设置 VR 属性。单击"确定"按钮，即可创建一个新的序列。

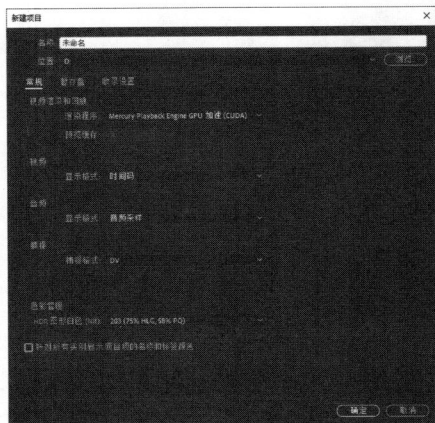

图 1-20

图 1-21

2. 打开项目文件

选择"文件>打开项目"命令，或按 Ctrl+O 组合键，在弹出的对话框中选择需要打开的项目文件，如图 1-22 所示，单击"打开"按钮，即可打开已选择的项目文件。

选择"文件>打开最近使用的内容"命令，在子菜单中选择需要打开的项目文件名称，如图 1-23 所示，即可打开该项目文件。

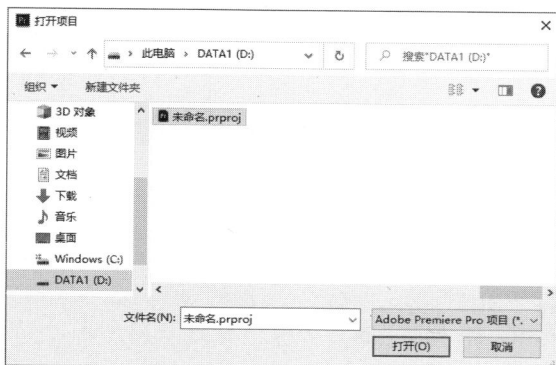

图 1-22

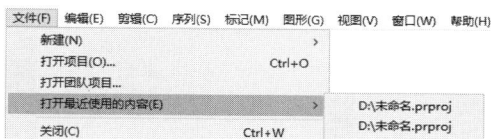

图 1-23

3. 保存项目文件

启动 Premiere Pro 2021 时，系统会提示用户先保存一个设置了参数的项目，因此，对于编辑过的项目，选择"文件>保存"命令或按 Ctrl+S 组合键，即可直接保存。另外，系统还会隔一段时间自动保存一次项目。

选择"文件>另存为"命令（或按 Ctrl+Shift+S 组合键），或者选择"文件>保存副本"命令（或按 Ctrl+Alt+S 组合键），弹出"保存项目"对话框，设置完成后，单击"保存"按钮，可以保存项目文件的副本。

4. 关闭项目文件

选择"文件>关闭项目"命令，即可关闭当前项目文件。如果对当前文件做了修改却尚未保存，系统会弹出图 1-24 所示的提示对话框，询问是否保存对该项目文件所做的修改。单击"是"按钮，保存修改并关闭项目文件；单击"否"按钮，则不保存修改并直接关闭项目文件；单击"取消"按钮，取消保存操作。

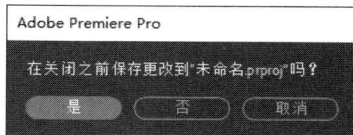

图 1-24

1.2.2 撤销与重做操作

通常情况下，一个完整的项目需要经过反复的调整、修改与比较才能完成，因此，Premiere Pro 2021 为用户提供了"撤销"与"重做"命令。

在编辑视频或音频时，如果用户的上一步操作是错误的或对操作得到的效果不满意，选择"编辑>撤销"命令即可撤销该操作，如果连续选择此命令，则可连续撤销前面的多步操作。

如果要取消撤销操作，可选择"编辑>重做"命令。例如，删除一段素材，通过"撤销"命令来撤销操作后，如果还想将这个素材删除，选择"编辑>重做"命令即可。

1.2.3 设置自动保存

设置自动保存的具体操作步骤如下。

（1）选择"编辑>首选项>自动保存"命令，弹出"首选项"对话框，如图 1-25 所示。

（2）在"首选项"对话框的"自动保存项目"区域中，根据需要设置"自动保存时间间隔"及"最大项目版本"的数值。如在"自动保存时间间隔"文本框中输入 20，在"最大项目版本"文本框中输入 5，即表示每隔 20 分钟将自动保存一次，而且只存储最后 5 次存盘的项目文件。

（3）设置完成后，单击"确定"按钮关闭对话框，返回到操作界面。这样，在以后的编辑过程中，系统就会按照设置的参数自动保存文件，用户就可以不必担心由于意外而造成工作数据丢失。

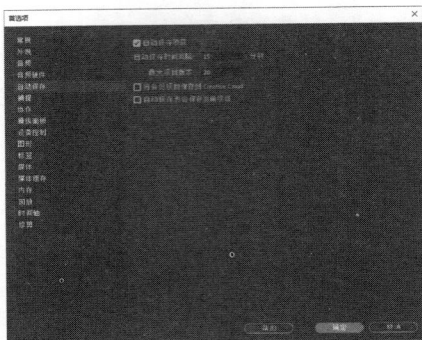

图 1-25

1.2.4　导入素材

Premiere Pro 2021 支持大部分主流的视频、音频及图像文件格式，一般的导入方式为选择"文件>导入"命令，在"导入"对话框中选择所需要的文件格式和文件即可，如图 1-26 所示。

1. 导入图层文件

以素材的方式导入图层文件：选择"文件>导入"命令，在"导入"对话框中选择 Photoshop、Illustrator 等含有图层的文件，单击"打开"按钮，弹出图 1-27 所示的对话框。

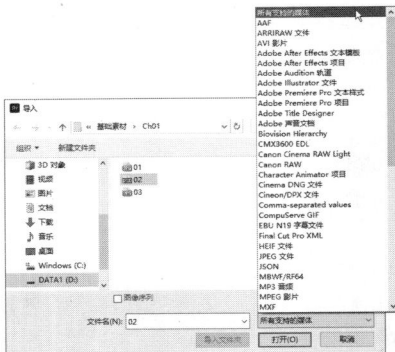

图 1-26

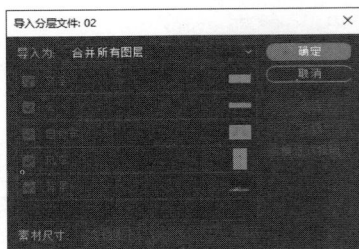

图 1-27

"导入为"下拉列表用于设置导入图层文件的方式，可选择"合并所有图层""合并的图层""各个图层""序列"。

本例选择"序列"，如图 1-28 所示，单击"确定"按钮，"项目"面板中会自动生成一个文件夹，其中包括序列文件和图层文件，如图 1-29 所示。

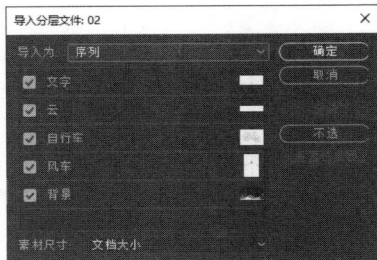

图 1-28

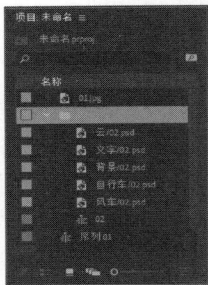

图 1-29

以序列的方式导入图层文件后，软件会按照图层文件的排列方式自动生成一个序列，可以打开该序列设置动画，进行编辑。

2．导入序列文件

序列文件是一种非常重要的源素材。它由若干幅按序排列的图片组成，可用来记录活动影片，每一幅图片代表一帧。

序列文件以数字为序进行排列。当导入序列文件时，应在"首选项"对话框中设置图片的帧速率，也可以在导入序列文件后，在"修改剪辑"对话框的"解释素材"选项卡中改变帧速率。导入序列文件的方法如下。

（1）在"项目"面板的空白区域双击，弹出"导入"对话框，找到序列文件所在的目录，勾选"图像序列"复选框，如图 1-30 所示。

（2）单击"打开"按钮，导入序列文件。序列文件导入后的"项目"面板如图 1-31 所示。

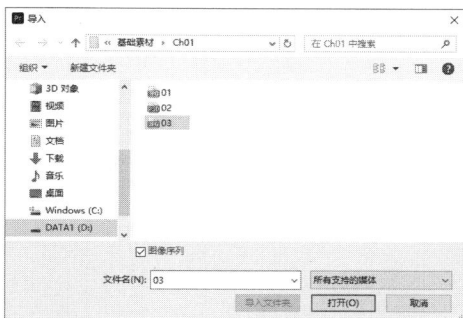

图 1-30

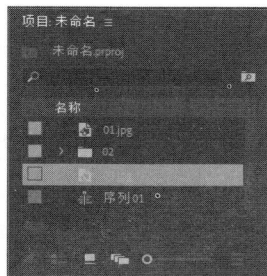

图 1-31

1.2.5　解释素材

对于项目的素材文件，可以通过解释素材来修改其属性。在"项目"面板中的素材上单击鼠标右键，在弹出的快捷菜单中选择"修改>解释素材"命令，弹出"修改剪辑"对话框，如图 1-32 所示。"帧速率"选项可以设置影片的帧速率；"像素长宽比"选项可以设置使用文件的像素长宽比；"场序"选项可以设置使用文件的场序；"Alpha 通道"选项可以对素材的透明通道进行设置；"VR 属性"选项可以设置文件中的投影、布局、捕捉视图；"色彩管理"选项可以设置素材的色彩空间等。

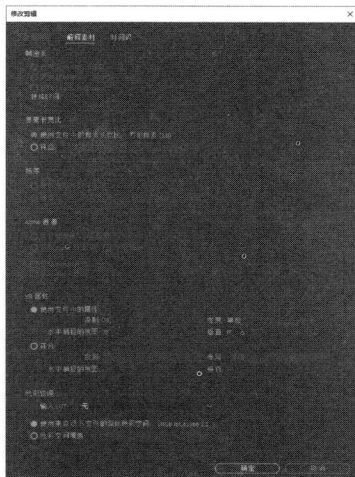

图 1-32

1.2.6　改变素材名称

在"项目"面板中的素材上单击鼠标右键，在弹出的快捷菜单中选择"重命名"命令，素材名称会处于可编辑状态，输入新名称即可，如图 1-33 所示。

图 1-33

剪辑人员可以给素材重命名以改变它原来的名称，这在一部影片中重复使用一段素材或复制一段素材并为之设定新的入点和出点时极其有用。给素材重命名有助于在"项目"面板和序列中观看一段复制的素材时避免混淆。

1.2.7　利用素材库组织素材

可以在"项目"面板中建立一个素材库（即素材文件夹）来管理素材。使用素材库可以将项目中的素材分门别类地组织起来，这在组织包含大量素材的复杂项目时特别有用。

单击"项目"面板下方的"新建素材箱"按钮▢，系统会自动创建新文件夹，如图 1-34 所示，单击左侧的▢按钮，可以返回到上一层级素材列表。

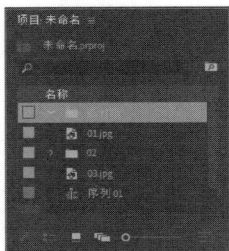

图 1-34

1.2.8　查找素材

可以根据素材的名字、属性或附属的说明和标签在 Premiere Pro 2021 的"项目"面板中搜索素材，如可以查找所有文件格式相同的素材，如*.avi 和*.mp3 等。

单击"项目"面板下方的"查找"按钮🔍，或单击鼠标右键，在弹出的快捷菜单中选择"查找"命令，将弹出"查找"对话框，如图 1-35 所示。

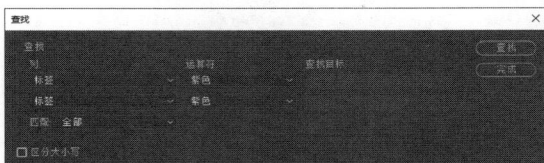

图 1-35

在"查找"对话框中选择查找的素材属性，可按照素材的名称、媒体类型和标签等属性进行查找。在"匹配"下拉列表中，可以选择查找的关键字是全部匹配还是部分匹配。若勾选"区分大小写"复选框，则必须将关键字的大小写输入正确。

在对话框右侧的文本框中输入查找素材的属性关键字。例如，要查找图片文件，可选择查找的属性为"名称"，在文本框中输入"JPEG"或其他文件格式名，然后单击"查找"按钮，系统会自动找到"项目"面板中的图片文件。如果"项目"面板中有多个图片文件，可再次单击"查找"按钮查找下一个图片文件。单击"完成"按钮，可关闭"查找"对话框。

> **提示**
>
> 除了查找"项目"面板中的素材，还可以使序列中的影片自动定位，找到其在"项目"面板中的源素材。在"时间轴"面板中的素材上单击鼠标右键，在弹出的快捷菜单中选择"在项目中显示"命令，如图 1-36 所示，即可找到"项目"面板中的相应素材，如图 1-37 所示。

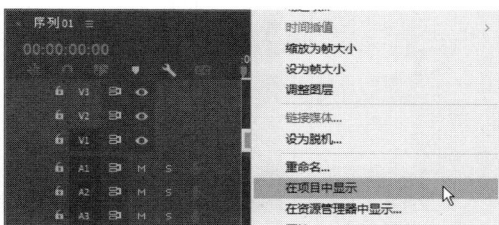 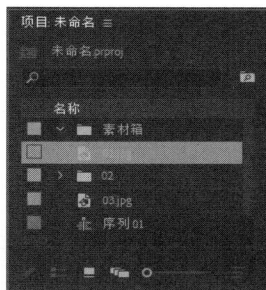

图 1-36   图 1-37

1.2.9　离线素材

当打开一个项目文件时，若系统提示找不到源素材，如图 1-38 所示，这可能是源文件被改名或存在磁盘上的位置发生了变化造成的。可以直接在磁盘上找到源素材，然后单击"打开"按钮，也可以单击"脱机"按钮，建立离线文件以代替源素材。

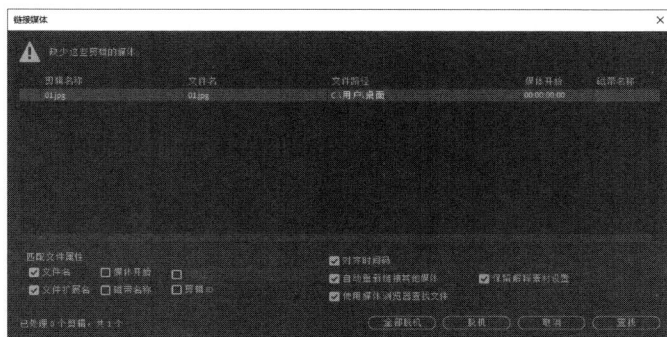

图 1-38

由于 Premiere Pro 2021 使用链接方式进行工作，因此，如果磁盘上的源文件被删除或者移动，就会发生在项目中无法找到其磁盘源文件的情况。此时，可以建立一个离线文件。离线文件具有和其所替换的源文件相同的属性，可以对其进行同普通素材完全相同的操作。当找到所需文件后，可以用该文件替换离线文件，以进行正常编辑。离线文件实际上起到占位符的作用，它可以暂时占据丢失文件所处的位置。

在"项目"面板中单击"新建项"按钮 ◪，在弹出的菜单中选择"脱机文件"命令，弹出"新建脱机文件"对话框，如图 1-39 所示，设置相关的参数后，单击"确定"按钮，弹出"脱机文件"对话框，如图 1-40 所示。

在"包含"下拉列表中可以选择建立含有影像和声音的离线素材，或者仅含有其中一项的离线素材。在"音频格式"下拉列表中设置音频的声道。在"磁带名称"文本框中输入磁带卷标。在"文件名"文本框中输入离线素材的名称。在"描述"文本框中可以输入一些备注。在"场景"文本框中输入离线素材与源文件场景的关联信息。在"拍摄/获取"文本框中输入拍摄信息。在"记录注释"文本框中记录离线素材的日志信息。在"时间码"栏中可以指定离线素材的时间。

如果要以实际素材替换离线素材，可以在"项目"面板中的离线素材上单击鼠标右键，在弹出的快捷菜单中选择"链接媒体"命令，在弹出的对话框中指定文件并进行替换。"项目"面板中的离线图标如图 1-41 所示。

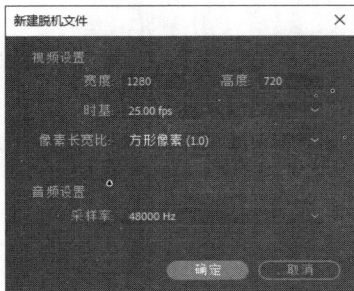

图 1-39

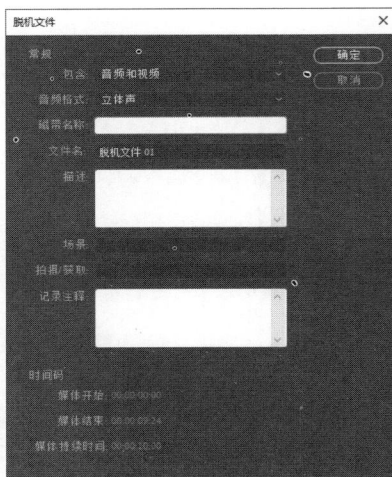

图 1-40

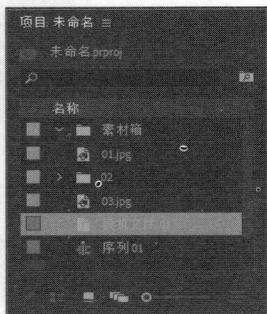

图 1-41

02

第 2 章
影视剪辑技术

本章主要对 Premiere Pro 2021 中剪辑影片的基本技术进行详细介绍，其中包括使用"监视器"窗口和"时间轴"面板剪辑素材、创建新元素等。通过对本章的学习，读者可以掌握剪辑影片的方法和技巧。

学习目标

♦ 掌握使用"监视器"窗口编辑素材的方法。
♦ 熟练掌握使用"时间轴"面板编辑素材的技巧。
♦ 掌握创建新元素的方法。

技能目标

♦ 掌握武汉城市形象宣传片视频的剪辑方法。
♦ 掌握番茄的故事宣传片视频的重组方法。
♦ 掌握篮球公园宣传片中的彩条的添加方法。

素养目标

♦ 培养快速获取有效信息的能力。
♦ 培养具有良好的组织和管理能力。
♦ 培养通过学习和实践不断进取的能力。

2.1   使用"监视器"窗口编辑素材

在 Premiere Pro 2021 中使用"监视器"窗口可以播放和剪辑素材，可以导出单帧图像并进行场设置。

2.1.1   课堂案例——剪辑武汉城市形象宣传片视频

✎ 案例学习目标

学习导入视频文件，并使用入点、出点和编辑点剪辑视频。

🔒 案例知识要点

使用"导入"命令导入视频文件，使用入点和出点在"源"窗口中剪辑视频，使用编辑点的拖曳在"时间轴"面板中剪辑素材，最终效果如图 2-1 所示。

微课视频   扩展案例

剪辑武汉城市   秀丽山河宣传片
形象宣传片视频

图 2-1

◉ 效果文件所在位置

Ch02/剪辑武汉城市形象宣传片视频/剪辑武汉城市形象宣传片视频.prproj。

（1）启动 Premiere Pro 2021，选择"文件>新建>项目"命令，弹出"新建项目"对话框，如图 2-2 所示，单击"确定"按钮，新建项目。

（2）选择"文件>导入"命令，弹出"导入"对话框，选择云盘中的"Ch02/剪辑武汉城市形象宣传片视频/素材/01～04"文件，如图 2-3 所示，单击"打开"按钮，将素材文件导入"项目"面板中，如图 2-4 所示。双击"项目"面板中的"01"文件，在"源"窗口中打开"01"文件，如图 2-5 所示。

（3）将时间标签放置在 00:00:05:06 的位置，按 I 键，创建入点，如图 2-6 所示。将时间标签放置在 00:00:16:06 的位置，按 O 键，创建出点，如图 2-7 所示。选中"源"窗口中的"01"文件并将其拖曳到"时间轴"面板的"V1"轨道中，生成"01"序列，如图 2-8 所示。

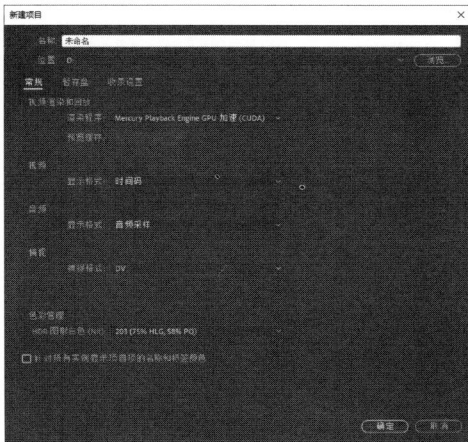
图 2-2

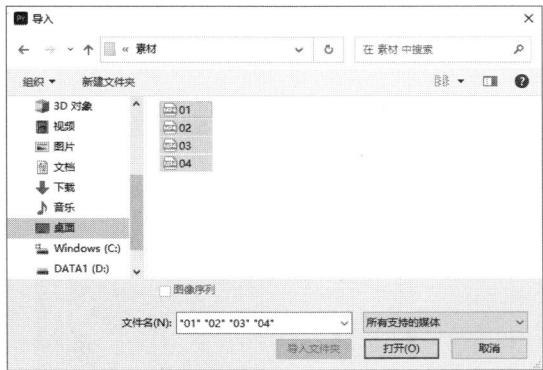
图 2-3

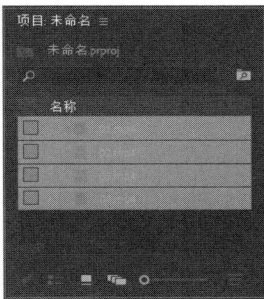
图 2-4

图 2-5

图 2-6

图 2-7

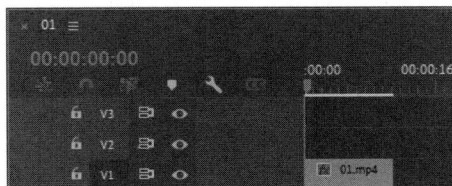
图 2-8

（4）双击"项目"面板中的"02"文件，在"源"窗口中打开"02"文件。将时间标签放置在00：00：06：10 的位置，按 I 键，创建入点，如图 2-9 所示。将时间标签放置在 00：00：09：13 的位置，按 O 键，创建出点，如图 2-10 所示。选中"源"窗口中的"02"文件并将其拖曳到"时间轴"面板的"V1"轨道中，如图 2-11 所示。

图 2-9

图 2-10

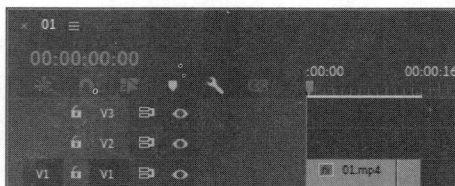

图 2-11

（5）双击"项目"面板中的"03"文件，在"源"窗口中打开"03"文件。将时间标签放置在00：00：04：08 的位置，按 I 键，创建入点，如图 2-12 所示。选中"源"窗口中的"03"文件并将其拖曳到"时间轴"面板的"V1"轨道中，如图 2-13 所示。

图 2-12

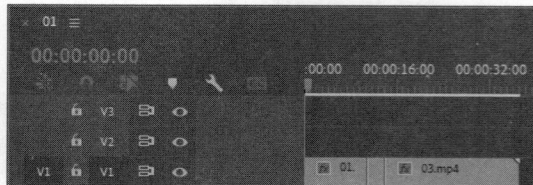

图 2-13

（6）将时间标签放置在 00：00：20：00 的位置，如图 2-14 所示。将鼠标指针放在"03"文件的结束位置，当鼠标指针呈形状时，向左拖曳到 00：00：20：00 的位置，如图 2-15 所示。

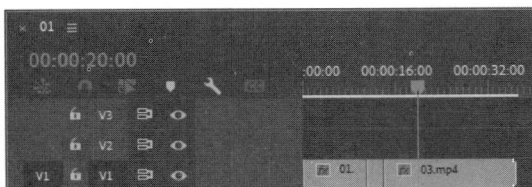

图 2-14

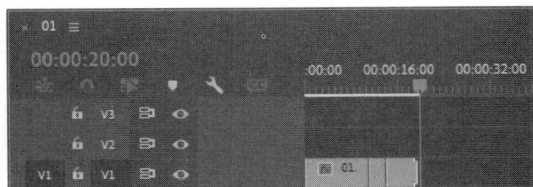

图 2-15

（7）双击"项目"面板中的"04"文件，在"源"窗口中打开"04"文件。将时间标签放置在 00:00:17:05 的位置，按 I 键，创建入点，如图 2-16 所示。选中"源"窗口中的"04"文件并将其拖曳到"时间轴"面板的"V1"轨道中，如图 2-17 所示。武汉城市形象宣传片视频剪辑完成。

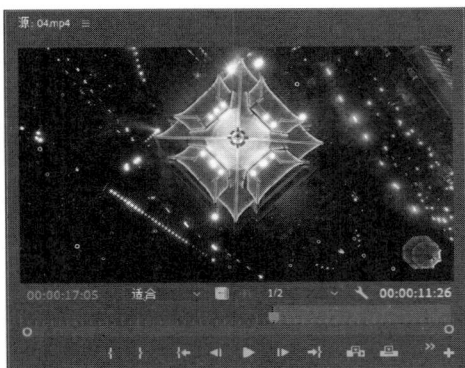

图 2-16

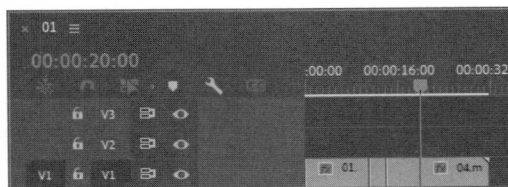

图 2-17

2.1.2 "监视器"窗口概述

在 Premiere Pro 2021 中有两个"监视器"窗口："源"窗口与"节目"窗口。它们分别用来显示素材与作品在编辑时的状况。图 2-18 所示为"源"窗口，在"项目"面板和"时间轴"面板中双击要观看的素材时，素材会自动显示在"源"窗口中，也可以设置素材文件；图 2-19 所示为"节目"窗口，可在此显示和设置序列。

图 2-18

图 2-19

1. 安全区域

用户可以在"源"窗口和"节目"窗口中设置安全区域，这对输出为电视机播放的影片非常有用。

电视机在播放影片时，屏幕的边缘会切除部分图像，这种现象叫作"溢出扫描"。不同的电视机的溢出扫描量不同，所以，要把图像的重要部分放在"安全区域"内。外侧方框以内的区域为"运动安全区域"，内侧方框以内的区域为"标题安全区域"。在制作影片时，需要将重要的场景元素、演员、图表放在"运动安全区域"内；将标题、字幕放在"标题安全区域"内，效果如图 2-20 所示。

单击"源"窗口或"节目"窗口下方的"安全边距"按钮 ▣ ，可以显示或隐藏"监视器"窗口中的安全区域。

2．控制按钮

使用"监视器"窗口下方的工具栏可以对素材进行播放控制，方便查看、剪辑，如图 2-21所示。

图 2-20

图 2-21

3．时间显示

在不同的时间编码模式下，时间显示模式会有所不同。如果选择"无掉帧"模式，各时间单位之间用冒号分隔；如果选择"掉帧"模式，各时间单位之间用分号分隔；如果选择"帧"模式，时间单位显示为帧数。

单击时间显示的区域，可以直接输入数值，改变时间显示，影片会自动跳到输入的时间位置。

如果输入的时间数值之间无间隔符号，如"1234"，则 Premiere Pro 2021 会自动将其识别为帧数，并根据所选用的时间编码，将其换算为相应的时间。

窗口右侧的持续时间标签显示影片入点与出点间的长度，即影片的持续时间。

4．比例显示

缩放列表在"源"窗口或"节目"窗口的正下方，可改变窗口中影片的显示比例，如图 2-22 所示。可以通过放大或缩小影片进行观察，选择"适合"选项，则无论窗口大小，影片都会匹配视窗，完全显示影片内容。

图 2-22

2.1.3　在"监视器"窗口中剪辑素材

可以增加或删除帧以改变素材的长度。素材开始帧的位置被称为入点，素材结束帧的位置被称为出点。用户可以为素材的视频和音频同时设置入点和出点、为音频单独设置入点和出点，也可以为素材的视频和音频单独设置入点和出点。当将一段同时含有视频和音频的素材拖曳入"时间轴"面板时，该素材的音频和视频会被放到相应的轨道中。

1．为素材的视频和音频同时设置入点和出点

（1）在"项目"面板中双击要设置入点和出点的素材，将其在"源"窗口中打开。

（2）在"源"窗口中拖曳时间标签或按空格键，找到要使用的片段的开始位置。

（3）单击"源"窗口下方的"标记入点"按钮 或按 I 键，"源"窗口中会显示当前素材入点画面，窗口下方会显示入点标记，如图 2-23 所示。

（4）播放影片，找到使用片段的结束位置。单击"源"窗口下方"标记出点"按钮 或按 O 键，窗口下方会显示当前素材的出点。入点和出点间显示为浅灰色，两点之间的片段即入点与出点间的素材片段，如图 2-24 所示。

图 2-23　　　　　　　　　　　　　　　　　图 2-24

（5）单击"转到入点"按钮 可以自动跳到影片的入点位置，单击"转到出点"按钮 可以自动跳到影片的出点位置。

2. 为音频单独设置入点和出点

当声音同步要求非常严格时，用户可以使用高达 1/600s 的精度来为音频单独设置入点。对于音频，入点和出点出现在波形图相应的点处，如图 2-25 所示。

为音频单独设置入点和出点的方法与视频的相同，这里不赘述。

3. 为素材的视频和音频单独设置入点和出点

为素材的视频和音频单独设置入点和出点的方法如下。

（1）在"源"窗口打开要设置入点和出点的素材。

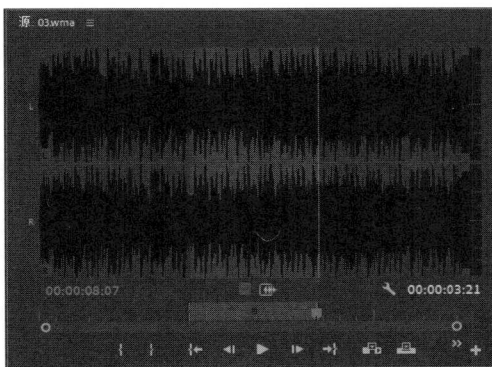

图 2-25

（2）在"源"窗口中拖曳时间标签或按空格键，找到要使用的视频片段的开始或结束位置。选择"标记>标记拆分"命令，弹出子菜单，如图 2-26 所示。

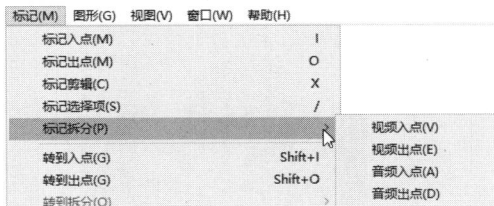

图 2-26

（3）在弹出的子菜单中选择"视频入点""视频出点"命令，即可单独为视频设置入点和出点，如图 2-27 所示。播放影片，找到使用的音频片段的开始或结束位置。选择"音频入点""音频出点"命令，即可单独为音频设置入点和出点，如图 2-28 所示。

图 2-27　　　　　　　　　　　　　　　　　图 2-28

2.1.4 导出单帧图像

单击"节目"窗口下方的"导出帧"按钮 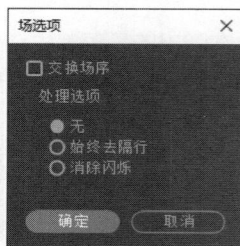，弹出"导出帧"对话框，在"名称"文本框中
输入文件名称，在"格式"下拉列表中选择文件格式，设置"路径"选项选择保存文件的路径，如
图 2-29 所示。设置完成后，单击"确定"按钮，导出当前"时间轴"面板上的单帧图像。

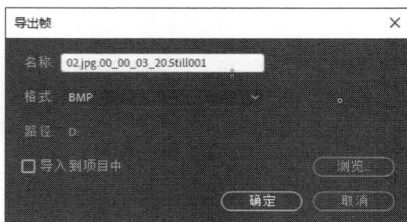

图 2-29

2.1.5 场设置

在使用视频素材时，会遇到交错视频场的问题，它会严重影响最后的合成质量。根据视频格式、
采集顺序和回放设备的不同，场的优先顺序也是不同的。观察影片是否能够平滑地进行播放，如果
出现了跳动的现象，则说明场的顺序是错误的。

一般情况下，在新建项目的时候就要指定正确的场顺序，这里的场顺序一般要按照影片的输出
设备来设置。在"新建序列"对话框中选择"设置"选项卡，在"视频"栏的"场"下拉列表中指
定编辑影片所使用的场方式，如图 2-30 所示。在编辑交错场时，要根据相关的视频硬件显示奇偶
场的顺序，选择"高场优先"或者"低场优先"选项。在输入影片的时候，也有类似的选项设置。

如果在编辑过程中得到的素材场顺序不同，则必须使其统一，并符合编辑输出的场设置。调整
方法是，在"时间轴"面板中的素材上单击鼠标右键，在弹出的快捷菜单中选择"场选项"命令，
在弹出的"场选项"对话框中进行设置，如图 2-31 所示。

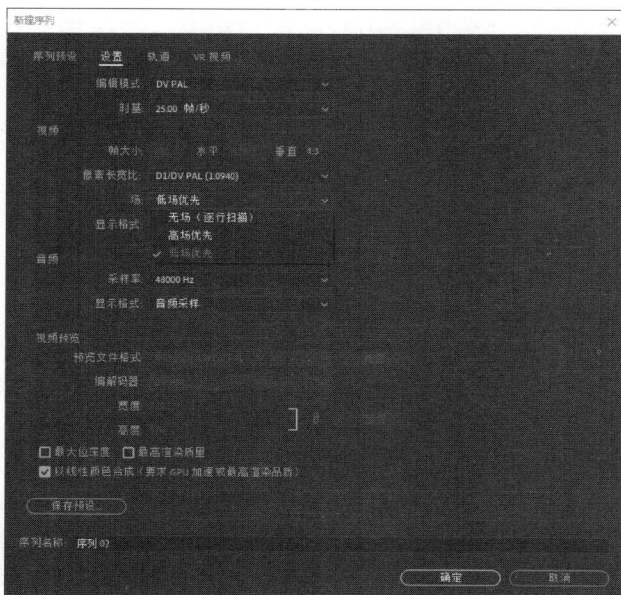

图 2-30

图 2-31

交换场序：如果素材场顺序与视频采集卡顺序相反，则勾选此复选框。

无：不处理素材场控制。

始终去隔行：将非交错场转换为交错场。

消除闪烁：消除细水平线的闪烁。在播出字幕时，一般要选中该单选项。

2.2 ## 使用"时间轴"面板编辑素材

在 Premiere Pro 2021 中使用"时间轴"面板可以剪辑素材、改变素材的播放速度及持续时间、创建帧定格、设置标记、粘贴素材及属性，还可以切割素材、插入和覆盖素材、提升和提取素材等。

2.2.1　课堂案例——重组番茄的故事宣传片视频

案例学习目标

学习使用"导入"命令和"插入"按钮编辑视频素材。

案例知识要点

使用"导入"命令导入视频文件，使用"效果控件"面板调整画面大小，使用"插入"按钮插入视频文件，最终效果如图 2-32 所示。

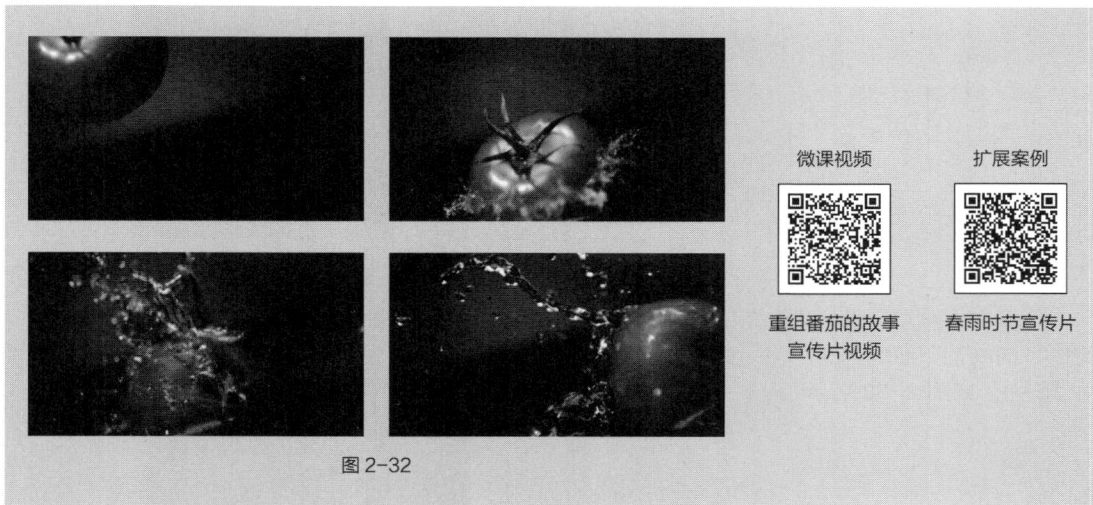

微课视频　　　　扩展案例

重组番茄的故事
宣传片视频　　　春雨时节宣传片

图 2-32

效果文件所在位置

Ch02/重组番茄的故事宣传片视频/重组番茄的故事宣传片视频.prproj。

（1）启动 Premiere Pro 2021，选择"文件>新建>项目"命令，弹出"新建项目"对话框，如图 2-33 所示，单击"确定"按钮，新建项目。选择"文件>新建>序列"命令，弹出"新建序列"对话框，单击"设置"选项卡，设置如图 2-34 所示，单击"确定"按钮，新建序列。

图 2-33

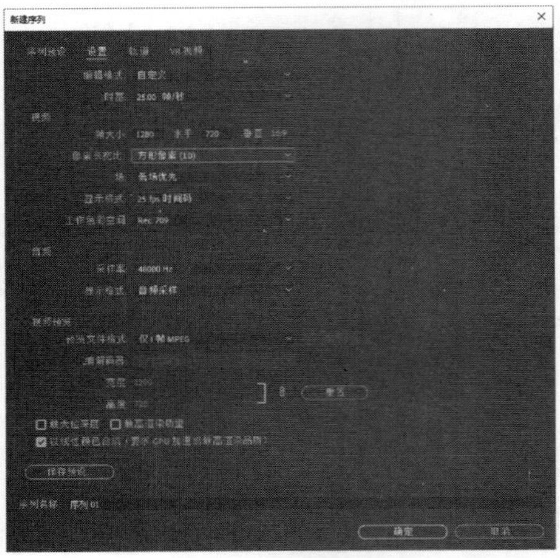

图 2-34

（2）选择"文件>导入"命令，弹出"导入"对话框，选择云盘中的"Ch02/重组番茄的故事宣传片视频/素材/01 和 02"文件，如图 2-35 所示，单击"打开"按钮，将素材文件导入"项目"面板中，如图 2-36 所示。

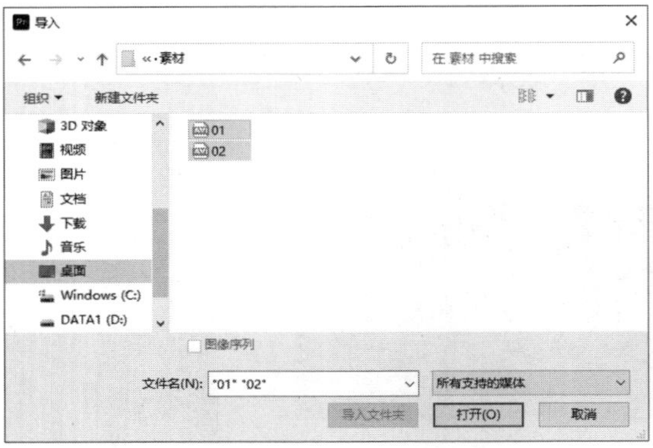

图 2-35

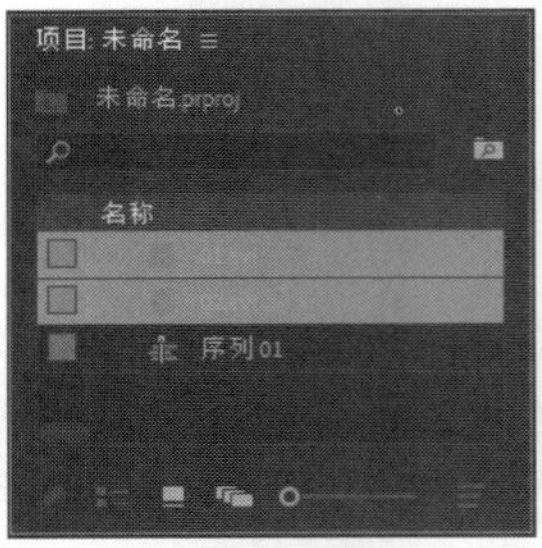

图 2-36

（3）在"项目"面板中，选中"01"文件并将其拖曳到"时间轴"面板中，如图 2-37 所示。选中"时间轴"面板中的"01"文件。选择"效果控件"面板，展开"运动"栏，将"缩放"设置为 167.0，如图 2-38 所示。

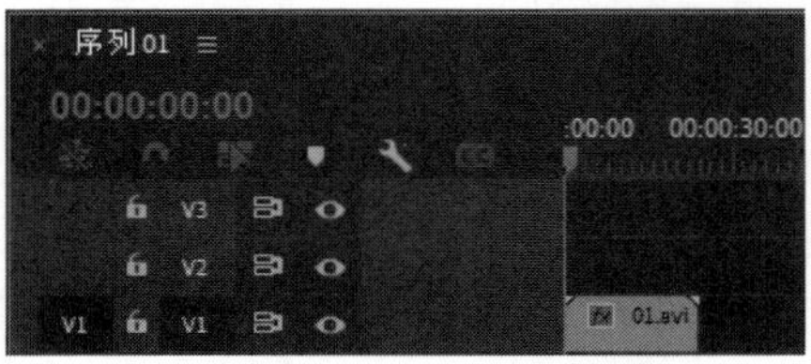

图 2-37

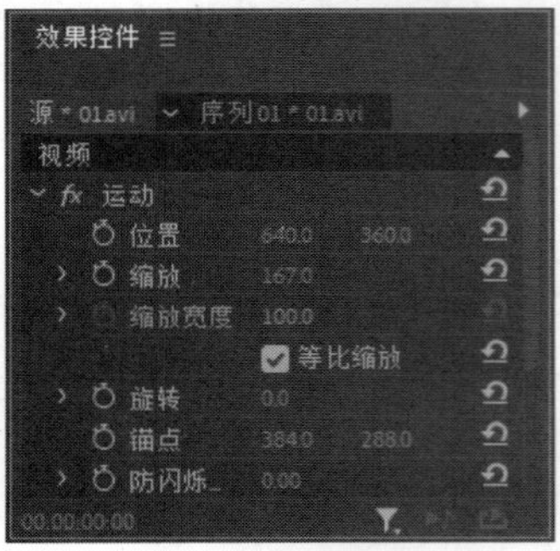

图 2-38

（4）将时间标签放置在 00:00:06:00 的位置。在"项目"面板中双击"02"文件，将其在"源"窗口中打开，如图 2-39 所示。单击"源"窗口下方的"插入"按钮 ，将"02"文件插入"时间轴"面板中，如图 2-40 所示。

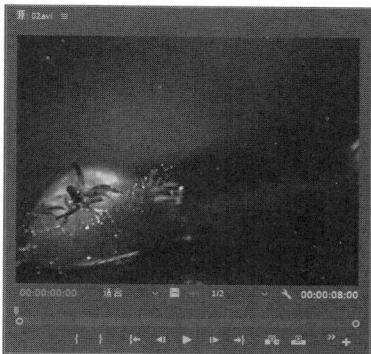

图 2-39

图 2-40

（5）将时间标签放置在 00:00:25:00 的位置。在"V1"轨道上选中"01"文件，将鼠标指针放在"01"文件的结束位置，当鼠标指针呈 形状时，向左拖曳到 00:00:25:00 的位置，如图 2-41 所示。

（6）选中"时间轴"面板中的"02"文件。选择"效果控件"面板，展开"运动"栏，将"缩放"设置为 167.0，如图 2-42 所示。番茄的故事宣传片视频重组完成。

图 2-41

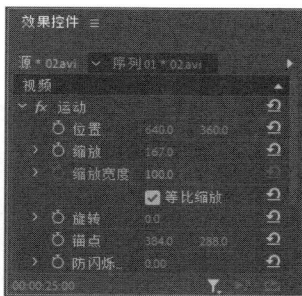

图 2-42

2.2.2 在"时间轴"面板中剪辑素材

Premiere Pro 2021 提供了多种可编辑片段的工具，下面介绍这些编辑工具的具体操作方法。

1. 选择素材

（1）选择"选择"工具 ，在"时间轴"面板中单击可以直接选择剪辑素材，如图 2-43 所示；在按住 Alt 键的同时单击，可以单独选择音频或视频素材，如图 2-44 所示；按住 Shift 键的同时单击要选择的素材，可以同时选择多段剪辑素材，如图 2-45 所示。

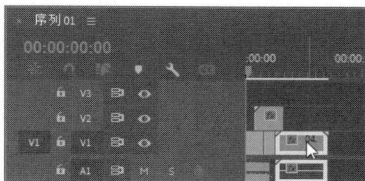

图 2-43

图 2-44

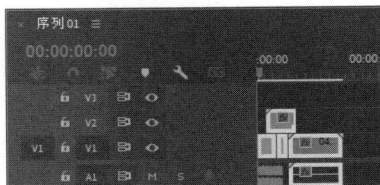

图 2-45

（2）选择"向前选择轨道"工具 ，在"时间轴"面板中单击可以选择鼠标指针右侧的所有剪辑素材，如图 2-46 所示。按住 Shift 键的同时单击，可以选择当前轨道中光标右侧的所有剪辑素材，如图 2-47 所示。

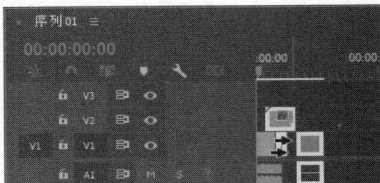

图 2-46

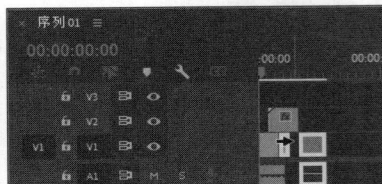

图 2-47

（3）选择"向后选择轨道"工具 ，可以选择光标左侧的所有剪辑素材。具体操作与"向前选择轨道"工具 的相同，这里不赘述。

2．剪辑素材

（1）将鼠标指针放置在素材文件的开始位置，当鼠标指针呈 形状时单击，显示编辑点，向右拖曳编辑点到适当的位置，如图 2-48 所示。将鼠标指针放置在素材文件的结束位置，当鼠标指针呈 形状时单击，显示编辑点，向左拖曳编辑点到适当的位置，如图 2-49 所示。

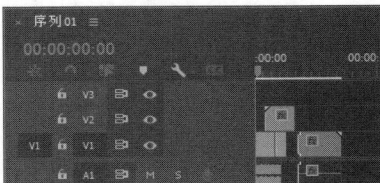

图 2-48

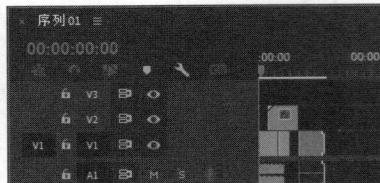

图 2-49

（2）选择"波纹编辑"工具 ，将鼠标指针放置在素材文件的开始位置，当鼠标指针呈 形状时单击，显示编辑点，向右拖曳编辑点到适当的位置，如图 2-50 所示，右侧的剪辑素材发生位移。将鼠标指针放置在素材文件的结束位置，当鼠标指针呈 形状时单击，显示编辑点，向左拖曳编辑点到适当的位置，如图 2-51 所示，右侧的剪辑素材发生位移。

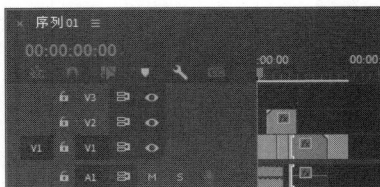

图 2-50

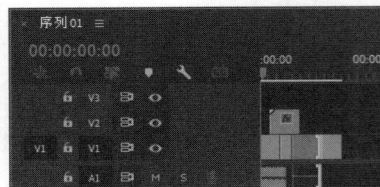

图 2-51

（3）选择"滚动编辑"工具 ，在"时间轴"面板中将鼠标指针置于两段剪辑素材之间，向左拖曳以调整素材，如图 2-52 所示。在按住 Alt 键的同时，向右拖曳，只影响链接剪辑素材的视频部分，如图 2-53 所示。

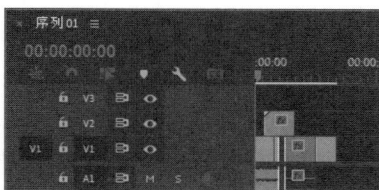

图 2-52

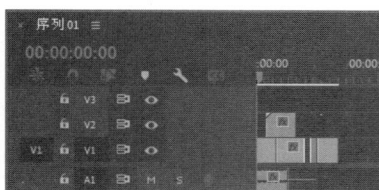

图 2-53

（4）选择"外滑"工具 $\leftrightarrow$ ，将鼠标指针置于要调整的剪辑素材之上，向左拖曳以将剪辑素材的入点和出点后移，如图 2-54 所示，"节目"窗口如图 2-55 所示。向右拖曳以将剪辑素材的入点和出点前移。

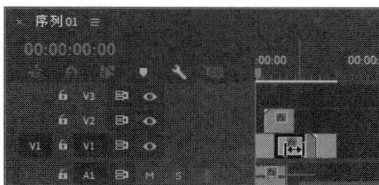

图 2-54

图 2-55

（5）选择"内滑"工具 $\oplus$ ，将鼠标指针置于要调整的剪辑素材之上，向左拖曳以将前一段剪辑素材的出点和后一段剪辑素材的入点的时间前移，如图 2-56 所示，"节目"窗口如图 2-57 所示。向右拖曳以将前一段剪辑素材的出点和后一段剪辑素材的入点的时间后移。

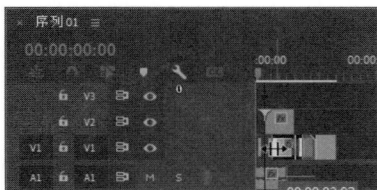

图 2-56

图 2-57

2.2.3　切割素材

在 Premiere Pro 2021 中，当素材被添加到"时间轴"面板的轨道中后，可以使用"工具"面板中的"剃刀"工具对此素材进行切割，具体操作步骤如下。

（1）在"时间轴"面板中添加要切割的素材。选择工具箱中的"剃刀"工具。

（2）单击需要切割的位置，该素材即被切割为两段素材，每一段素材都有独立的长度及入点与出点，如图 2-58 所示。

（3）如果要将多个轨道上的素材在同一点切割，则按住 Shift 键，显示多重刀片，在轨道上未锁定的素材都在该位置被切割成两段，如图 2-59 所示。

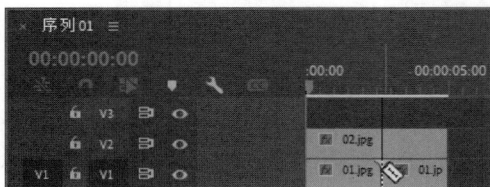

图 2-58   图 2-59

2.2.4　改变素材的播放速度及持续时间

在 Premiere Pro 2021 中，用户可以根据需要随意更改影片的播放速度，具体操作步骤如下。

1．使用"速度/持续时间"命令调整

在"时间轴"面板的某一个文件上单击鼠标右键，在弹出的快捷菜单中选择"速度/持续时间"命令，会弹出图 2-60 所示的对话框。设置完成后，单击"确定"按钮，完成更改。

速度：用于设置播放速度的百分比，以决定影片的播放速度。

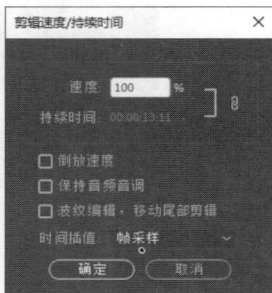

持续时间：单击右侧的时间码，修改时间值。时间值越大，影片播放的速度越慢；时间值越小，影片播放的速度越快。

倒放速度：勾选此复选框，影片将向反方向播放。

保持音频音调：勾选此复选框，影片将保持音频的播放速度不变。

波纹编辑，移动尾部剪辑：勾选此复选框，让剪辑后方相邻的素材保持跟随。

图 2-60

时间插值：选择速度更改后的时间插值，包含帧采样、帧混合和光流法。

2．使用"比率拉伸"工具调整

选择"比率拉伸"工具，将鼠标指针放置在素材文件的开始位置，当鼠标指针呈形状时，向左拖曳到适当的位置，如图 2-61 所示，调整影片的播放速度。当鼠标指针呈形状时，向右拖曳到适当的位置，如图 2-62 所示，调整影片的播放速度。

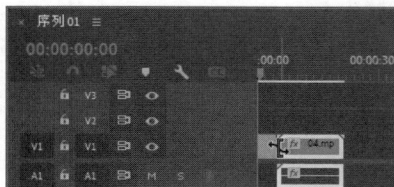
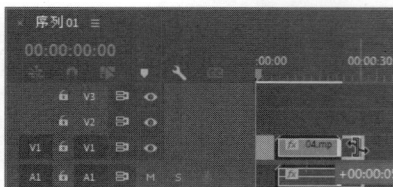

图 2-61   图 2-62

3．使用速度线调整

（1）在"时间轴"面板中选择素材文件，如图 2-63 所示。在素材文件上单击鼠标右键，在弹出的快捷菜单中选择"显示剪辑关键帧>时间重映射>速度"命令，此时的效果如图 2-64 所示。

图 2-63

图 2-64

（2）向下拖曳中心的速度水平线，调整影片的播放速度，如图 2-65 所示，松开鼠标左键，效果如图 2-66 所示。

图 2-65

图 2-66

（3）按住 Ctrl 键的同时，单击速度水平线，生成关键帧，如图 2-67 所示。用相同的方法再次添加关键帧，效果如图 2-68 所示。

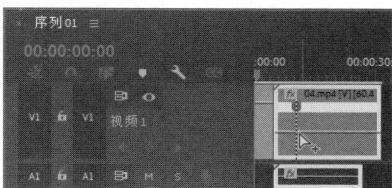

图 2-67

图 2-68

（4）向上拖曳两个关键帧之间的速度水平线，调整影片的播放速度，如图 2-69 所示。拖曳第 2 个关键帧的右半部分，拆分关键帧，如图 2-70 所示。

图 2-69

图 2-70

2.2.5　插入和覆盖素材

"插入"按钮 和"覆盖"按钮 可以将"源"窗口中的片段直接置入"时间轴"面板中播放指示器所在位置的轨道中。

1．插入素材

使用"插入"按钮 的具体操作步骤如下。

（1）在"源"窗口中选中要插入"时间轴"面板中的素材。

（2）在"时间轴"面板中将播放指示器移动到需要插入素材的位置，如图 2-71 所示。

（3）单击"源"窗口下方的"插入"按钮 ，将选择的素材插入"时间轴"面板中，插入的新素材把原有素材分为两段，原有素材的后半部分将自动向后移动，接在新素材之后，效果如图 2-72所示。

图 2-71

图 2-72

2. 覆盖素材

使用"覆盖"按钮 的具体操作步骤如下。

（1）在"源"窗口中选中要插入"时间轴"面板中的素材。

（2）在"时间轴"面板中将播放指示器移动到需要插入素材的位置，如图 2-73 所示。

（3）单击"源"窗口下方的"覆盖"按钮 ，将选择的素材插入"时间轴"面板中，插入的新素材将覆盖播放指示器右侧的原有素材，如图 2-74 所示。

图 2-73

图 2-74

2.2.6 提升和提取素材

使用"提升"按钮 和"提取"按钮 可以在"时间轴"面板的指定轨道上删除指定的节目片段。

1. 提升素材

使用"提升"按钮 的具体操作步骤如下。

（1）在"节目"窗口中为素材需要提升的部分设置入点和出点。设置的入点和出点同时显示在"时间轴"面板的标尺上，如图 2-75 所示。

（2）单击"节目"窗口下方的"提升"按钮 ，入点和出点之间的素材会被删除，删除后的区域留下空隙，如图 2-76 所示。

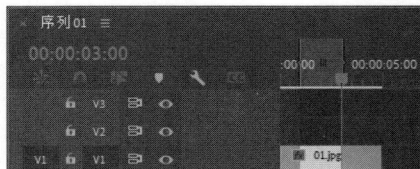

图 2-75

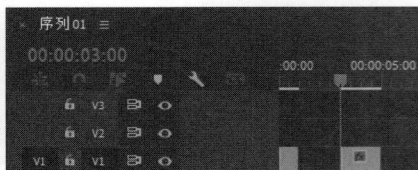

图 2-76

2. 提取素材

使用"提取"按钮 的具体操作步骤如下。

（1）在"节目"窗口中为素材需要提取的部分设置入点和出点。设置的入点和出点同时显示在

"时间轴"面板的标尺上。

（2）单击"节目"窗口下方的"提取"按钮 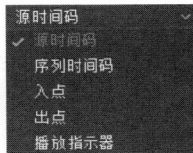，入点和出点之间的素材会被删除，其后面的素材自动前移，填补空隙，如图 2-77 所示。

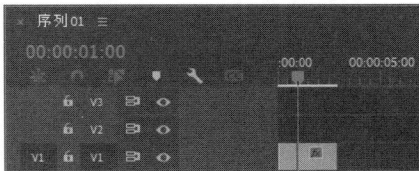

图 2-77

2.2.7　创建帧定格

冻结片段中的某一帧，会以静帧方式显示该画面，就好像使用了一张静止图像，被冻结的帧可以是片段开始点或结束点。创建帧定格的具体操作步骤如下。

（1）单击"时间轴"面板中的某一段素材片段，将播放指示器移动到需要冻结的某一帧画面上，如图 2-78 所示。

图 2-78

（2）在素材上单击鼠标右键，在弹出的快捷菜单中选择"帧定格选项"命令，弹出图 2-79 所示的对话框。

（3）勾选"定格位置"复选框，在右侧的下拉列表中根据源时间码、序列时间码、入点、出点或者播放指示器位置选择帧，如图 2-80 所示。

（4）勾选"定格滤镜"复选框，可以使冻结的帧画面依然保持使用滤镜后的效果。

（5）单击"确定"按钮，完成创建。

图 2-79　　　　　　　　　图 2-80

2.2.8　设置标记

为了查看素材的帧与帧之间是否对齐，用户需要在素材或标尺上做一些标记。

1. 添加标记

为影片添加标记的具体操作步骤如下。

（1）将"时间轴"面板中的播放指示器移到需要添加标记的位置，单击左侧的"添加标记"按钮 ，该标记将被添加到播放指示器停放的地方，如图 2-81 所示。

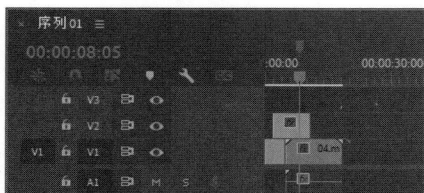

图 2-81

（2）如果"时间轴"面板左侧的"对齐"按钮 被选中，将一段素材拖曳到轨道标记处，则素材的入点会自动与标记对齐。

2．跳转标记

在"时间轴"面板的标尺上单击鼠标右键，在弹出的快捷菜单中选择"转到下一个标记"命令，也可以按 Shift+M 组合键，播放指示器会自动跳转到下一个标记；选择"转到上一个标记"命令，也可以按 Ctrl+Shift+M 组合键，播放指示器会自动跳转到上一个标记，如图 2-82 所示。

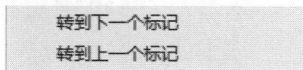

转到下一个标记
转到上一个标记

图 2-82

3．删除标记

如果用户在使用标记的过程中发现有不需要的标记，可以将其删除，具体的删除步骤如下。

在"时间轴"面板的标尺上单击鼠标右键，在弹出的快捷菜单中选择"清除所选的标记"命令，如图 2-83 所示，也可以按 Ctrl+Alt+M 组合键，清除当前选取的标记。选择"清除所有标记"命令，或按 Ctrl+Shift+Alt+M 组合键，可将"时间轴"面板中的所有标记清除。

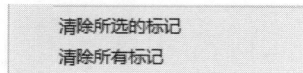

清除所选的标记
清除所有标记

图 2-83

2.2.9　粘贴素材

Premiere Pro 2021 提供了标准的 Windows 编辑命令，用于剪切、复制和粘贴素材，这些命令都在"编辑"菜单中。

1．使用"粘贴插入"命令

使用"粘贴插入"命令的具体操作步骤如下。

（1）在"时间轴"面板中选择素材，然后选择"编辑>复制"命令，或按 Ctrl+C 组合键。

（2）将播放指示器移动到需要粘贴素材的位置，如图 2-84 所示。

（3）选择"编辑>粘贴插入"命令，或按 Ctrl+Shift+V 组合键，所复制的影片将粘贴到播放指示器位置，其后的影片等距离后退，如图 2-85 所示。

图 2-84

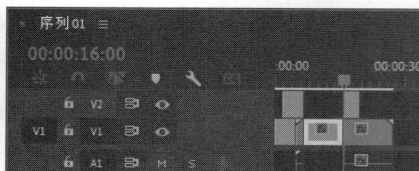

图 2-85

2．使用"粘贴属性"命令

使用"粘贴属性"命令的具体操作步骤如下。

（1）在"时间轴"面板中选择影片素材，设置"不透明度"，并添加视频效果，如图 2-86 所示。在影片素材上单击鼠标右键，在弹出的快捷菜单中选择"复制"命令，如图 2-87 所示。

（2）用圈选的方法选择需要粘贴属性的素材文件，如图 2-88 所示。在影片素材上单击鼠标右键，在弹出的快捷菜单中选择"粘贴属性"命令，如图 2-89 所示。

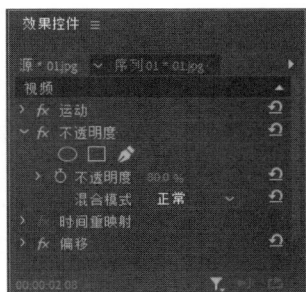

图 2-86

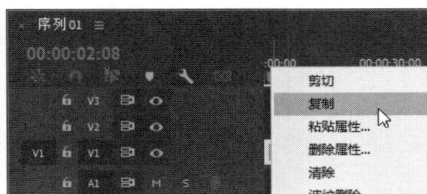

图 2-87

图 2-88

图 2-89

（3）弹出"粘贴属性"对话框，如图 2-90 所示，可以将视频属性（运动、不透明度、时间重映射、偏移）粘贴到选中的素材文件上，如图 2-91 和图 2-92 所示。用相同的方法也可以将音频属性（音量、声道音量、声像器、效果）粘贴到选中的素材文件上。

图 2-90

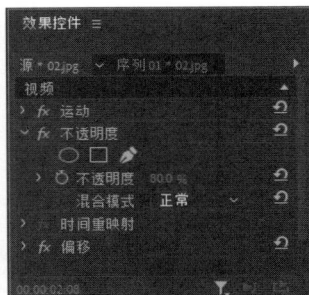

图 2-91

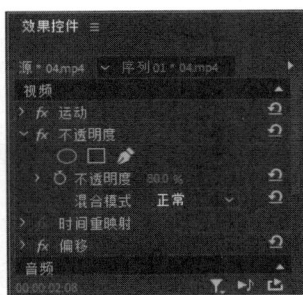

图 2-92

2.2.10 编组

在项目编辑工作中，经常要对多段素材进行整体操作。这时使用"编组"命令，可以将多个素材片段组合为一个整体来进行移动和复制等操作。

为素材编组的具体操作步骤如下。

（1）在"时间轴"面板中框选要编组的素材。按住 Shift 键并单击，可以加选素材。

（2）在选定的素材上单击鼠标右键，在弹出的快捷菜单中选择"编组"命令，则选定的素材被编组。

素材被编组后，在进行移动和复制等操作的时候，就会将其作为一个整体进行操作。如果要取消编组，可以在被编组的对象上单击鼠标右键，在弹出的快捷菜单中选择"取消编组"命令。

2.2.11　删除素材

如果用户决定不使用"时间轴"面板中的某个素材片段，可以在"时间轴"面板中将其删除。在"时间轴"面板中删除的素材并不会在"项目"面板中被删除。当用户删除一段已经应用于"时间轴"面板的素材后，在"时间轴"面板的轨道上该素材处会留下空位。用户也可以选择"波纹删除"命令，即将该素材轨道上的内容向左移动，覆盖被删除的素材留下的空位。

1. 清除素材

使用"清除"命令删除素材的方法如下。

（1）在"时间轴"面板中选择一段或多段素材。

（2）按 Delete 键或选择"编辑>清除"命令。

2. 波纹删除素材

使用"波纹删除"命令删除素材的方法如下。

（1）在"时间轴"面板中选择一段或多段素材。

（2）如果不希望其他轨道的素材移动，可以锁定该轨道。

（3）选中素材并单击鼠标右键，在弹出的快捷菜单中选择"波纹删除"命令，或按 Shift+Delete 组合键。

2.2.12　序列嵌套

序列嵌套是指将"时间轴"面板中多个轨道的素材打包并合并到一起，方便用户对其进行管理和快速处理。嵌套的序列可以和其他的素材一样进行修改，无论是视频素材还是音频素材，都可以一次或多次被嵌套。

1. 创建序列嵌套

（1）在"时间轴"面板中选中要嵌套的素材文件，如图 2-93 所示。

（2）选择"剪辑>嵌套"命令，或在素材文件上单击鼠标右键，在弹出的快捷菜单中选择"嵌套"命令，弹出"嵌套序列名称"对话框，如图 2-94 所示。

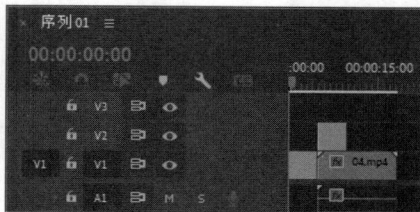

图 2-93

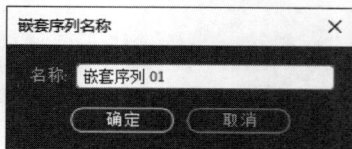

图 2-94

（3）在对话框中设置嵌套名称，单击"确定"按钮，创建嵌套，如图 2-95 所示。同时，在"项目"面板中创建序列嵌套，如图 2-96 所示。

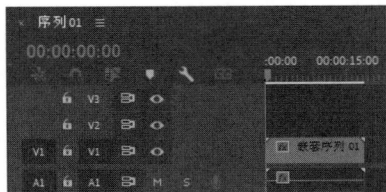

图 2-95 图 2-96

2．修改序列嵌套

（1）在"时间轴"面板或"项目"面板中双击序列嵌套文件，进入嵌套序列，如图 2-97 所示。选择"V2"轨道中的"02"文件，对其进行编辑，如图 2-98 所示。

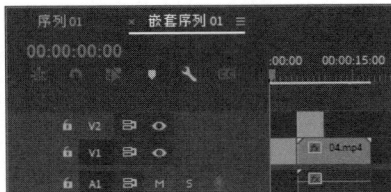
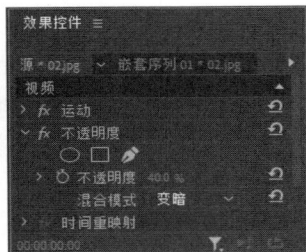

图 2-97 图 2-98

（2）选择"序列 01"，查看调整后的效果，可看到"序列 01"中的嵌套序列被同步修改。

3．移出嵌套内容

（1）在嵌套序列中选取所有素材，如图 2-99 所示。按 Ctrl+X 组合键，剪切素材，如图 2-100 所示。

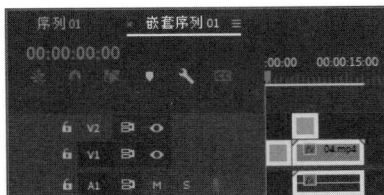
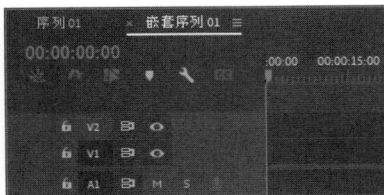

图 2-99 图 2-100

（2）在"序列 01"中，将播放指示器移动到需要的位置。按 Ctrl+C 组合键，粘贴嵌套内容，如图 2-101 所示。删除左侧的嵌套序列。将粘贴的内容前移，如图 2-102 所示。

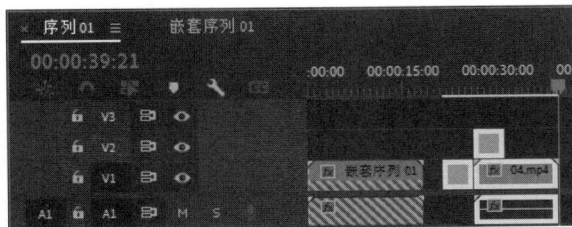
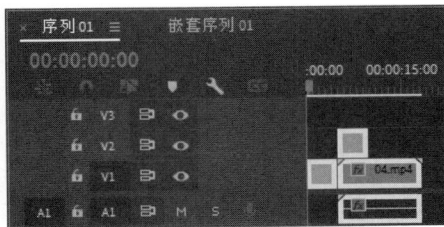

图 2-101 图 2-102

2.2.13　自动重构序列

自动重构序列可以创建具有不同长宽比的复制序列，并对序列中的所有剪辑应用"自动重构效果"。

具体的操作步骤如下。

（1）在"时间轴"面板中打开要进行重构的序列。

（2）选择"序列>自动重构序列"命令，弹出"自动重构序列"对话框，如图 2-103 所示。

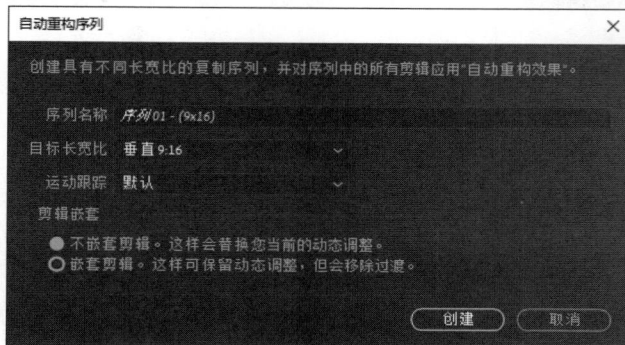

图 2-103

序列名称：可以为重构的序列命名。

目标长宽比：可以设置重构序列的长宽比。

提示：高清晰度（HD）视频的宽高比为 16：9。社交媒体平台和网站允许各种宽高比的视频片段，如正方形（1：1）或竖屏（例如 4：5 或 9：16）。

运动跟踪：可以选择合适的运动预设来微调自动重构效果。包括减慢动作、默认或加快动作 3 个选项。

剪辑嵌套：可以选择是否嵌套剪辑。

（3）设置完成后，单击"创建"按钮，在"时间轴"面板中创建自动重构后的复制序列。

2.3　创建新元素

Premiere Pro 2021 除了使用导入的素材剪辑外，还可以建立一些新元素。本节将对此内容进行详细介绍。

2.3.1　课堂案例——添加篮球公园宣传片中的彩条

案例学习目标

学习使用"新建"命令制作 HD 彩条。

案例知识要点

使用"导入"命令导入视频文件，使用"剃刀"工具切割视频素材，使用"插入"命令插入素材文件，使用"新建"命令新建 HD 彩条，最终效果如图 2-104 所示。

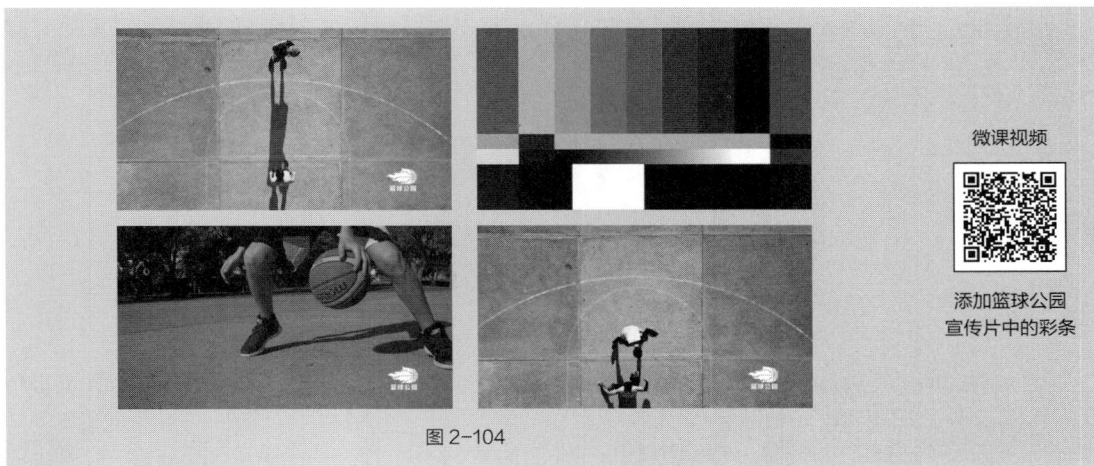

图 2-104

⊙ 效果文件所在位置

Ch02/添加篮球公园宣传片中的彩条/添加篮球公园宣传片中的彩条.prproj。

（1）启动 Premiere Pro 2021，选择"文件>新建>项目"命令，弹出"新建项目"对话框，如图 2-105 所示，单击"确定"按钮，新建项目。

（2）选择"文件>导入"命令，弹出"导入"对话框，选择云盘中的"Ch02/添加篮球公园宣传片中的彩条/素材/01～03"文件，如图 2-106 所示，单击"打开"按钮，将素材文件导入"项目"面板中，如图 2-107 所示。在"项目"面板中，选中"01"文件并将其拖曳到"时间轴"面板的"V1"轨道中，生成"01"序列，如图 2-108 所示。

图 2-105

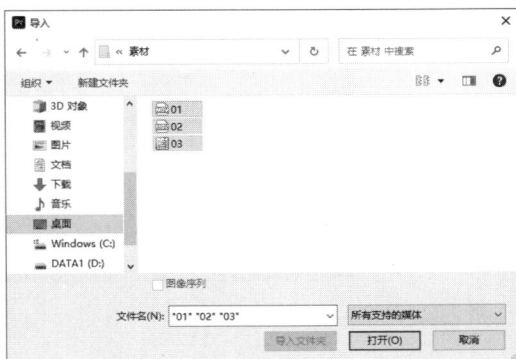

图 2-106

图 2-107

图 2-108

（3）将时间标签放置在 00:00:05:00 的位置。在"项目"面板中选中"02"文件，在文件上单击鼠标右键，在弹出的快捷菜单中选择"插入"命令，在"时间轴"面板中时间标签的位置插入"02"文件，效果如图 2-109 所示。

图 2-109

（4）将时间标签放置在 00:00:08:00 的位置。选择"剃刀"工具 ◈，单击"时间轴"面板中的"02"文件，切割素材，如图 2-110 所示。

（5）选择"选择"工具 ▶，选择切割后右侧的"02"文件。在文件上单击鼠标右键，在弹出的快捷菜单中选择"波纹删除"命令，删除所选文件且右侧的"01"文件自动前移，效果如图 2-111 所示。

图 2-110

图 2-111

（6）选择"项目"面板，选择"文件>新建>HD 彩条"命令，弹出"新建 HD 彩条"对话框，如图 2-112 所示，单击"确定"按钮，在"项目"面板中新建"HD 彩条"文件，如图 2-113 所示。

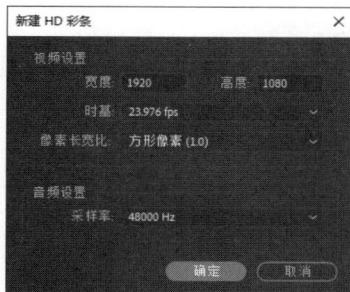

图 2-112

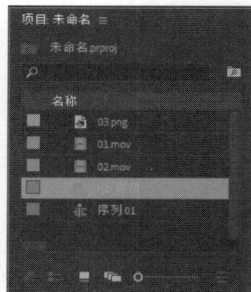

图 2-113

（7）在"项目"面板中，选中"HD 彩条"文件并将其拖曳到"时间轴"面板的"V2"轨道中，如图 2-114 所示。将时间标签放置在 00:00:05:08 的位置。单击"HD 彩条"文件的结束位置，显示编辑点。当鼠标指针呈 ◀ 形状时，向左拖曳到 00:00:05:08 的位置，如图 2-115 所示。

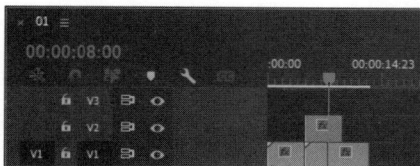

图 2-114

图 2-115

（8）在按住 Alt 键的同时，选择"A2"轨道中的音频文件，按 Delete 键，删除文件，如图 2-116 所示。在"项目"面板中，选中"03"文件并将其拖曳到"时间轴"面板的"V3"轨道中，如图 2-117 所示。单击"03"文件的结束位置，显示编辑点。当鼠标指针呈◀形状时，向右拖曳到"01"文件的结束位置，如图 2-118 所示。

（9）选择"时间轴"面板中的"03"文件。选择"效果控件"面板，展开"运动"栏，将"位置"设为 1640.0 和 902.0，将"缩放"设置为 27.0，如图 2-119 所示。

图 2-116

图 2-117

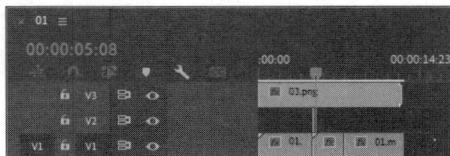

图 2-118

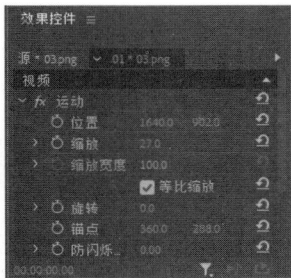

图 2-119

（10）将时间标签放置在 00:00:04:24 的位置。选择"效果控件"面板，展开"不透明度"栏，单击"不透明度"选项左侧的"切换动画"按钮，如图 2-120 所示，记录第 1 个动画关键帧。将时间标签放置在 00:00:05:00 的位置。将"不透明度"设置为 0.0%，如图 2-121 所示，记录第 2 个动画关键帧。

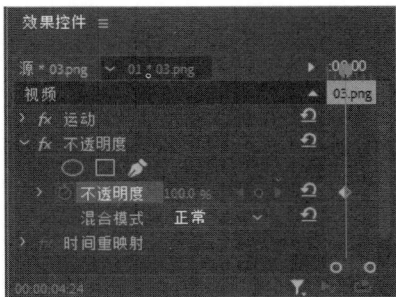

图 2-120

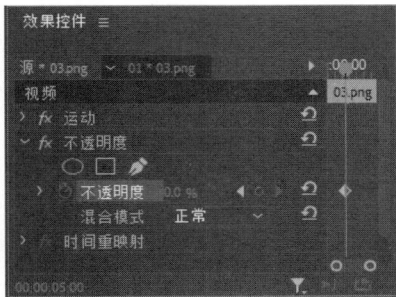

图 2-121

（11）将时间标签放置在 00:00:05:08 的位置。单击"不透明度"选项右侧的"添加/移除关键帧"按钮，如图 2-122 所示，记录第 3 个动画关键帧。将时间标签放置在 00:00:05:09 的位置。将"不透明度"设置为 100.0%，如图 2-123 所示，记录第 4 个动画关键帧。篮球公园宣传片中的彩条添加完成。

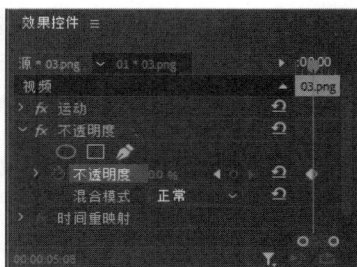
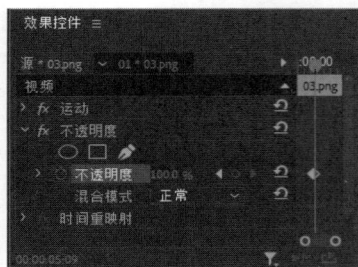

图 2-122 图 2-123

2.3.2　通用倒计时片头

通用倒计时片头通常用于影片开始前的倒计时准备中。Premiere Pro 2021 提供了现成的通用倒计时片头，用户可以非常便捷地创建一个标准的倒计时素材，并可以在 Premiere Pro 2021 中随时对其进行修改，如图 2-124 所示。

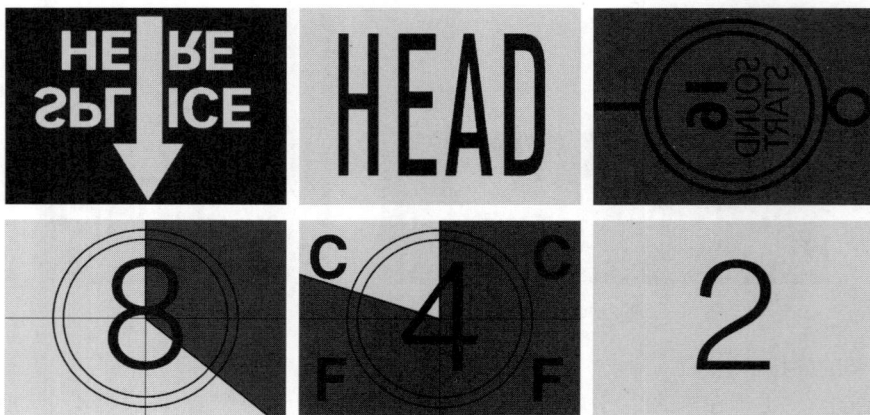

图 2-124

创建倒计时素材的具体操作步骤如下。

（1）单击"项目"面板下方的"新建项"按钮 ，在弹出的菜单中选择"通用倒计时片头"命令，会弹出"新建通用倒计时片头"对话框，如图 2-125 所示。设置完成后，单击"确定"按钮，会弹出"通用倒计时设置"对话框，如图 2-126 所示。

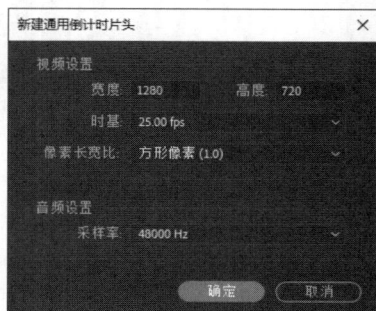
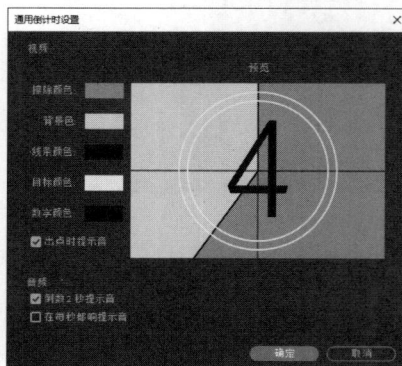

图 2-125 图 2-126

（2）设置完成后，单击"确定"按钮，该段倒计时素材将自动加入"项目"面板中。

（3）在"项目"面板或"时间轴"面板中，双击倒计时素材，可以打开"通用倒计时设置"对话框以进行修改。

2.3.3　彩条和黑场

1．彩条

用 Premiere Pro 2021 可以为影片加入一段彩条，如图 2-127 所示。在"项目"面板下方单击"新建项"按钮 ，在弹出的菜单中选择"彩条"命令，即可创建彩条。

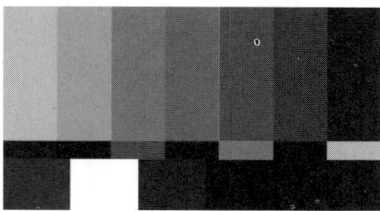

图 2-127

2．黑场

用 Premiere Pro 2021 可以在影片中创建一段黑场。在"项目"面板下方单击"新建项"按钮 ，在弹出的菜单中选择"黑场视频"命令，即可创建黑场。

2.3.4　调整图层

用 Premiere Pro 2021 可以创建调整图层。使用调整图层，可以将同一效果应用至"时间轴"面板上的多段剪辑素材，也可以使用多个调整图层调整更多效果。具体操作步骤如下。

在"项目"面板下方单击"新建项"按钮 ，在弹出的菜单中选择"调整图层"选项，弹出"调整图层"对话框，如图 2-128 所示。进行参数设置后，单击"确定"按钮，在"项目"面板中生成调整图层。

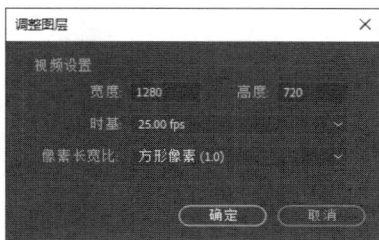

图 2-128

2.3.5　颜色遮罩

用 Premiere Pro 2021 还可以为影片创建一个颜色遮罩。用户可以将颜色遮罩当作背景，也可利用"透明度"命令来设定与它相关的颜色的透明性，具体操作步骤如下。

（1）在"项目"面板下方单击"新建项"按钮 ，在弹出的菜单中选择"颜色遮罩"命令，会弹出"新建颜色遮罩"对话框，如图 2-129 所示。设置参数后，单击"确定"按钮，会弹出"拾色器"对话框，如图 2-130 所示。

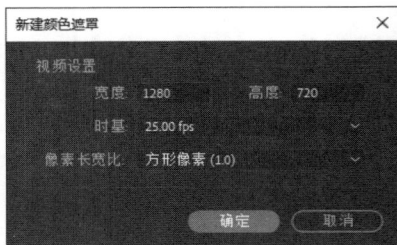

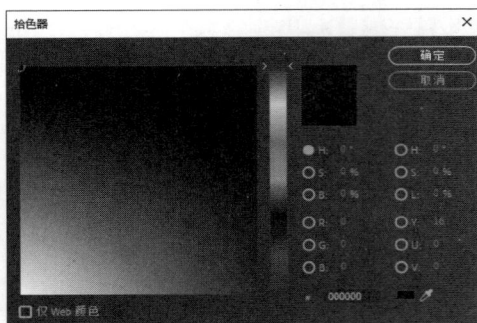

图 2-129　　　　　　　　　　　　　　　　　图 2-130

（2）在"拾色器"对话框中选取遮罩所要使用的颜色，单击"确定"按钮。

（3）在"项目"面板或"时间轴"面板中双击颜色遮罩，可以打开"拾色器"对话框并进行修改。

2.3.6　透明视频

在 Premiere Pro 2021 中，可以创建一个透明的视频层，它能够将效果应用到一系列的影片片段中，而无须重复地复制和粘贴属性。只要应用一个效果到透明视频轨道上，该效果将自动出现在下面的所有视频轨道中。

课堂练习——剪辑超市宣传短视频

🔗 练习知识要点

使用"导入"命令导入视频文件，使用入点和出点在"源"窗口中剪辑视频，使用剪辑点剪辑素材，使用"速度/持续时间"命令调整视频播放速度，最终效果如图 2-131 所示。

微课视频

剪辑超市宣传
短视频

图 2-131

◎ 效果文件所在位置

Ch02/剪辑超市宣传短视频/剪辑超市宣传短视频.prproj。

课后习题——重组璀璨烟火宣传片视频

习题知识要点

使用"导入"命令导入视频文件，使用"插入"按钮插入视频文件，使用"剃刀"工具切割素材文件，最终效果如图 2-132 所示。

微课视频

重组璀璨烟火
宣传片视频

图 2-132

效果文件所在位置

Ch02/重组璀璨烟火宣传片视频/重组璀璨烟火宣传片视频.prproj。

03

第 3 章
视频过渡效果

    本章主要介绍如何在 Premiere Pro 2021 的素材之间建立丰富多彩的过渡效果。每一个过渡效果有很多可调节的选项。本章内容对于影视剪辑中的镜头过渡具有非常实用的意义，它可以使剪辑的画面更加生动、多彩。

学习目标

  ✧ 掌握过渡效果的设置方法。
  ✧ 熟练掌握高级过渡效果的设置方法。

技能目标

  ✧ 掌握校园生活短片的转场的设置方法。
  ✧ 掌握唯美古风短视频的转场的添加方法。
  ✧ 掌握美食创意宣传片的转场的添加方法。
  ✧ 掌握家居短视频的转场的添加方法。

素养目标

  ✧ 培养实际效果与预期目标一致的操作能力。
  ✧ 培养良好的艺术感知和具有审美意识的能力。
  ✧ 培养能够准确观察和分析对象特点的能力。

3.1 设置过渡效果

在 Premiere Pro 2021 中可以使用、设置和调整过渡效果，还可以设置默认过渡。下面进行详细讲解。

3.1.1 课堂案例——设置校园生活短片的转场

案例学习目标

使用过渡效果设置素材转场。

案例知识要点

使用"导入"命令导入素材文件，使用"交叉溶解"效果制作图片之间的过渡，使用"效果控件"面板调整过渡效果，最终效果如图 3-1 所示。

微课视频　　　　　扩展案例

设置校园生活　　　添加花世界电子
短片的转场　　　　相册的转场

图 3-1

效果文件所在位置

Ch03/设置校园生活短片的转场/设置校园生活短片的转场.prproj。

1．添加并调整素材

（1）启动 Premiere Pro 2021，选择"文件>新建>项目"命令，弹出"新建项目"对话框，如图 3-2 所示，单击"确定"按钮，新建项目。

（2）选择"文件>导入"命令，弹出"导入"对话框，选择云盘中的"Ch03/设置校园生活短片的转场/素材/01～04"文件，如图 3-3 所示，单击"打开"按钮，将素材文件导入"项目"面板中，如图 3-4 所示。在"项目"面板中，选中"01"文件并将其拖曳到"时间轴"面板的"V1"轨道中，生成"01"序列，如图 3-5 所示。

（3）选择"时间轴"面板中的"01"文件。在"01"文件上单击鼠标右键，在弹出的快捷菜单中选择"速度/持续时间"命令，在弹出的对话框中进行设置，如图 3-6 所示，单击"确定"按钮，效果如图 3-7 所示。

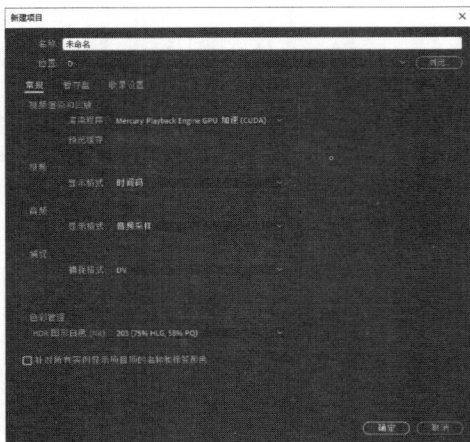

图 3-2

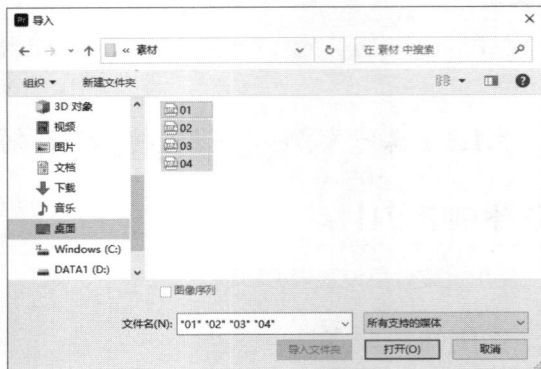

图 3-3

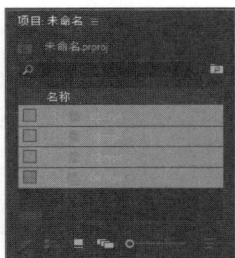

图 3-4

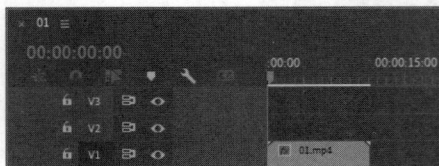

图 3-5

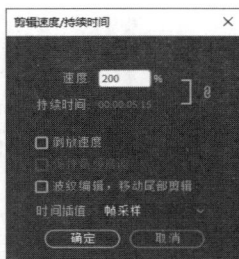

图 3-6

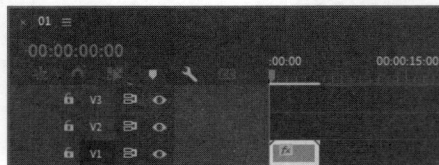

图 3-7

（4）在"项目"面板中，选中"02"文件并将其拖曳到"时间轴"面板的"V1"轨道中，如图 3-8 所示。

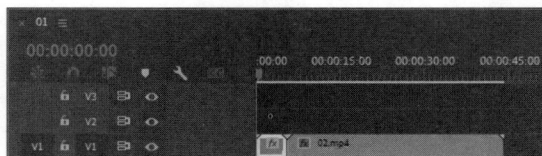

图 3-8

（5）选择"时间轴"面板中的"02"文件。在"02"文件上单击鼠标右键，在弹出的快捷菜单中选择"速度/持续时间"命令，在弹出的对话框中进行设置，如图 3-9 所示，单击"确定"按钮，效果如图 3-10 所示。

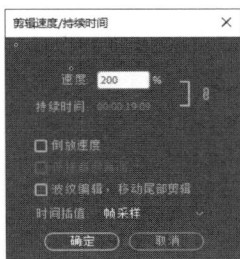

图 3-9 图 3-10

（6）将时间标签放置在 00:00:13:13 的位置。将鼠标指针放在"02"文件的结束位置，当鼠标指针呈 ↤ 形状时，向左拖曳到 00:00:13:13 的位置，如图 3-11 所示。在"项目"面板中，选中"03"文件并将其拖曳到"时间轴"面板的"V1"轨道中，如图 3-12 所示。

图 3-11 图 3-12

（7）选择"时间轴"面板中的"03"文件。在"03"文件上单击鼠标右键，在弹出的快捷菜单中选择"速度/持续时间"命令，在弹出的对话框中进行设置，如图 3-13 所示，单击"确定"按钮，效果如图 3-14 所示。

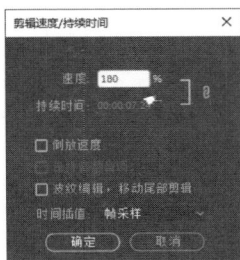

图 3-13 图 3-14

（8）双击"项目"面板中的"04"文件，在"源"窗口中打开"04"文件。将时间标签放置在 00:00:09:48 的位置，按 I 键，创建入点，如图 3-15 所示。将时间标签放置在 00:00:15:48 的位置，按 O 键，创建出点，如图 3-16 所示。选中"源"窗口中的"04"文件并将其拖曳到"时间轴"面板的"V1"轨道中，如图 3-17 所示。

图 3-15 图 3-16

图 3-17

2. 为素材添加过渡效果

（1）选择"效果"面板，展开"视频过渡"，单击"溶解"效果前面的▶按钮将其展开，选中"交叉溶解"效果，如图 3-18 所示。将"交叉溶解"效果拖曳到"时间轴"面板"01"文件的结束位置和"02"文件的开始位置，如图 3-19 所示。

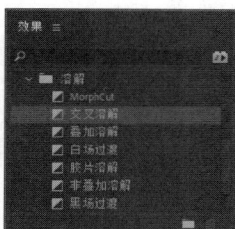

图 3-18　　　　　　　　　　　　图 3-19

（2）选择"时间轴"面板中的"交叉溶解"效果。选择"效果控件"面板，将"持续时间"设置为 00:00:02:00，如图 3-20 所示，"时间轴"面板如图 3-21 所示。

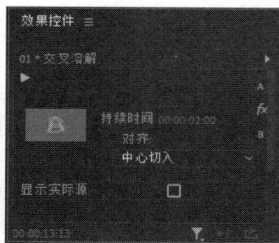

图 3-20　　　　　　　　　　　　图 3-21

（3）在"效果"面板中选中"交叉溶解"效果，将"交叉溶解"效果分别拖曳到"时间轴"面板"03"文件的开始位置和结束位置，如图 3-22 所示。再将"交叉溶解"效果拖曳到"时间轴"面板"04"文件的结束位置，如图 3-23 所示。

图 3-22　　　　　　　　　　　　图 3-23

（4）选择"时间轴"面板中"04"文件结束位置的"交叉溶解"效果。选择"效果控件"面板，将"持续时间"设置为 00:00:03:00，如图 3-24 所示，"时间轴"面板如图 3-25 所示。校园生活短片的转场设置完成。

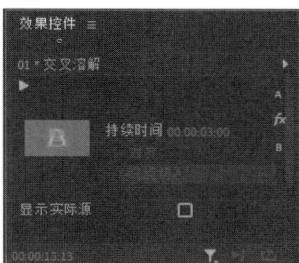

图 3-24   图 3-25

3.1.2　使用过渡效果

一般情况下，会在同一轨道的两个相邻素材之间使用过渡效果，如图 3-26 所示。也可以单独为一段素材添加过渡效果，此时，素材与其下方轨道的素材进行过渡，但是下方轨道的素材只作为背景使用，并不能被过渡效果控制，如图 3-27 所示。

图 3-26   图 3-27

3.1.3　设置过渡效果

将两段影片加入过渡效果后，时间轴上会有一个重叠区域，这个重叠区域就是发生过渡的范围。通过"效果控件"面板和"时间轴"面板可以对过渡效果进行设置。

在"效果控件"面板上方单击▶按钮，可以在小视窗中预览过渡效果，如图 3-28 所示。对于某些有方向性的过渡来说，可以在小视窗中单击箭头改变过渡效果的方向。例如，单击右上角的箭头改变过渡效果的方向，如图 3-29 所示。

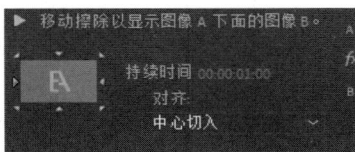

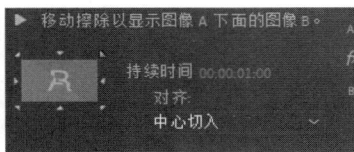

图 3-28   图 3-29

持续时间：可以设置过渡效果的持续时间。双击"时间轴"面板中的过渡块，会弹出"设置过渡持续时间"对话框，也可以在此设置过渡效果的持续时间，如图 3-30 所示，设置完成后，单击"确定"按钮。

对齐：包含"中心切入""起点切入""终点切入""自定义起点"4 种切入对齐方式。

开始和结束：可以设置过渡效果的起始状态和结束状态。按住 Shift 键并拖曳开始滑块或结束滑块，可以使二者以相同的数值变化。

显示实际源：勾选此复选框，可以在上方的"开始"和"结束"视窗中显示过渡效果的开始帧和结束帧，如图 3-31 所示。

其他选项的设置会根据过渡效果的不同而有所变化。

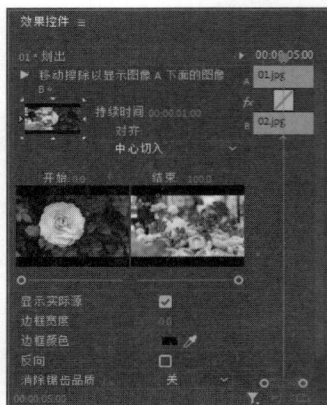

图 3-30 图 3-31

3.1.4　调整过渡效果

在"效果控件"面板的右侧区域和"时间轴"面板中，还可以对过渡效果进行进一步的调整。

在"效果控件"面板中，将鼠标指针移动到过渡块的中线上，当鼠标指针呈 形状时拖曳，可以改变素材影片的持续时间和过渡效果的影响区域，如图 3-32 所示。将鼠标指针移动到过渡块上，当鼠标指针呈 形状时拖曳，可以改变过渡效果的切入位置，如图 3-33 所示。

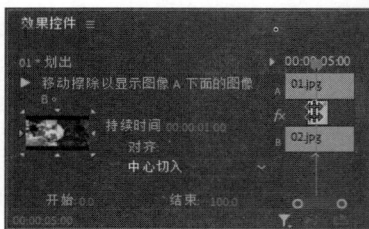 

图 3-32 图 3-33

在"效果控件"面板中，将鼠标指针移动到过渡块的左侧边缘，当鼠标指针呈 形状时拖曳，可以改变过渡效果的长度，如图 3-34 所示。在"时间轴"面板中，将鼠标指针移动到过渡块的右侧边缘，当鼠标指针呈 形状时拖曳，也可以改变过渡效果的长度，如图 3-35 所示。

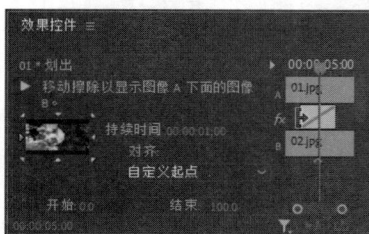 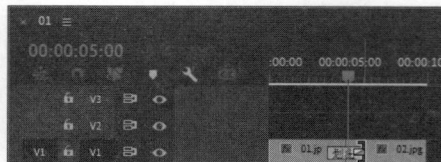

图 3-34 图 3-35

3.1.5　设置默认过渡效果

选择"编辑>首选项>时间轴"命令，弹出"首选项"对话框，可以分别设置视频和音频过渡的默认持续时间，如图 3-36 所示。

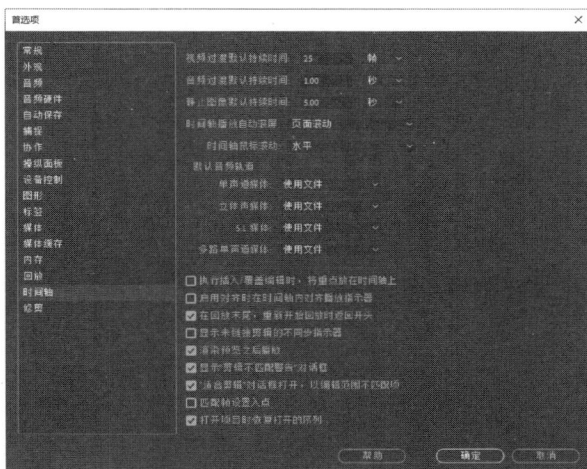

图 3-36

3.2　高级过渡效果

Premiere Pro 2021 将各种过渡效果根据类型的不同分别放在"效果"面板的"视频过渡"中，用户可以根据使用的过渡效果类型，快速进行查找。

3.2.1　课堂案例——添加唯美古风短视频的转场

案例学习目标

学习使用过渡效果制作图像转场。

案例知识要点

使用"导入"命令导入素材文件，使用"圆划像"效果、"推"效果、"中心拆分"效果和"菱形划像"效果制作图像之间的过渡效果，使用"效果控件"面板调整过渡效果，最终效果如图 3-37 所示。

微课视频
添加唯美古风
短视频的转场

扩展案例
添加滑雪运动
宣传片的转场

图 3-37

◉ 效果文件所在位置

Ch03/添加唯美古风短视频的转场/添加唯美古风短视频的转场.prproj。

1. 添加并调整素材

（1）启动 Premiere Pro 2021，选择"文件>新建>项目"命令，弹出"新建项目"对话框，如图 3-38 所示，单击"确定"按钮，新建项目。

（2）选择"文件>导入"命令，弹出"导入"对话框，选择云盘中的"Ch03/添加唯美古风短视频的转场/素材/01～04"文件，如图 3-39 所示，单击"打开"按钮，将素材文件导入"项目"面板中，如图 3-40 所示。双击"项目"面板中的"01"文件，在"源"窗口中打开"01"文件。将时间标签放置在 00:00:09:11 的位置，按 I 键，创建入点，如图 3-41 所示。

图 3-38

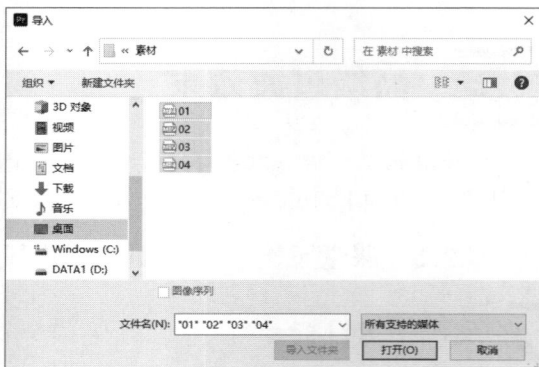

图 3-39

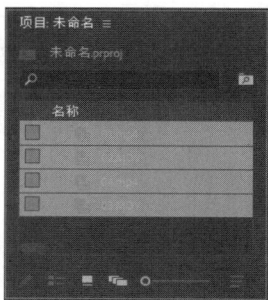

图 3-40

图 3-41

（3）将时间标签放置在 00:00:14:23 的位置，按 O 键，创建出点，如图 3-42 所示。选中"源"窗口中的"01"文件并将其拖曳到"时间轴"面板的"V1"轨道中，生成"01"序列，如图 3-43 所示。

（4）在按住 Alt 键的同时，选择下方的音频，如图 3-44 所示。按 Delete 键，删除音频，效果如图 3-45 所示。

图 3-42

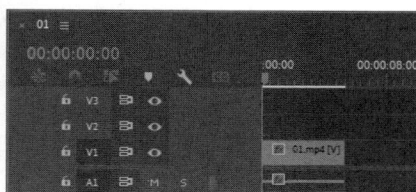

图 3-43

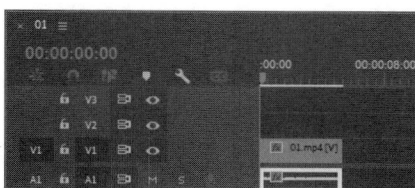

图 3-44

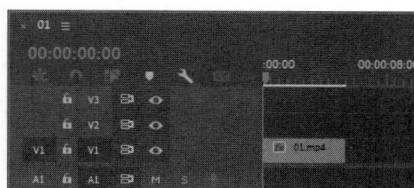

图 3-45

（5）双击"项目"面板中的"02"文件，在"源"窗口中打开"02"文件。将时间标签放置在 00:00:09:21 的位置，按 O 键，创建出点，如图 3-46 所示。选中"源"窗口中的"02"文件并将其拖曳到"时间轴"面板的"V1"轨道中，如图 3-47 所示。

图 3-46

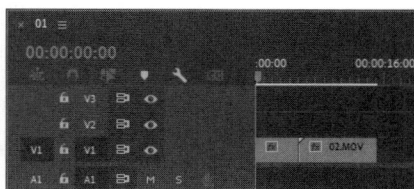

图 3-47

（6）选中"项目"面板中的"03"文件并将其拖曳到"时间轴"面板的"V1"轨道中，如图 3-48 所示。将时间标签放置在 00:00:20:00 的位置，选择"剃刀"工具 ，单击切割文件，如图 3-49 所示。

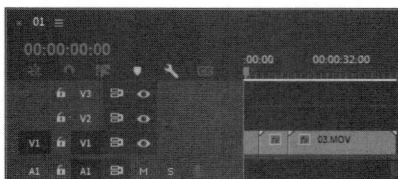

图 3-48

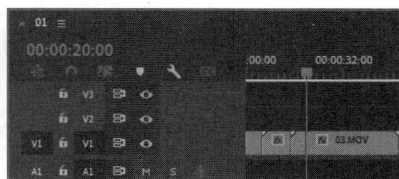

图 3-49

（7）将时间标签放置在 00:00:37:00 的位置，单击切割文件，如图 3-50 所示。选择"选择"工具 ，选择切割后左侧的文件。选择"编辑>波纹删除"命令，删除选中的文件，如图 3-51 所示。

图 3-50   图 3-51

（8）将时间标签放置在 00:00:27:21 的位置，如图 3-52 所示。将鼠标指针放在"03"文件的结束位置，当鼠标指针呈 形状时，向左拖曳到 00:00:27:21 的位置，如图 3-53 所示。

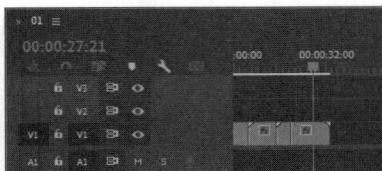 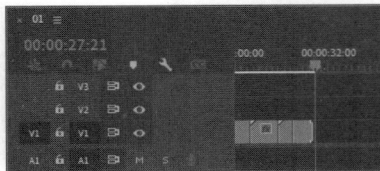

图 3-52   图 3-53

（9）选中"项目"面板中的"04"文件并将其拖曳到"时间轴"面板的"V1"轨道中，如图 3-54 所示。将时间标签放置在 00:00:42:28 的位置。将鼠标指针放在"04"文件的结束位置，当鼠标指针呈 形状时，向左拖曳到 00:00:42:28 的位置，如图 3-55 所示。

图 3-54   图 3-55

2. 为素材添加过渡效果

（1）选择"效果"面板，展开"视频过渡"，单击"划像"效果前面的 按钮将其展开，选中"圆划像"效果，如图 3-56 所示。将"圆划像"效果拖曳到"时间轴"面板"V1"轨道中"01"文件的开始位置，如图 3-57 所示。选择"时间轴"面板中的"圆划像"效果。选择"效果控件"面板，将"持续时间"设置为 00:00:01:00，如图 3-58 所示。

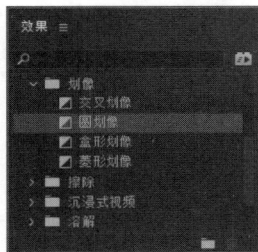  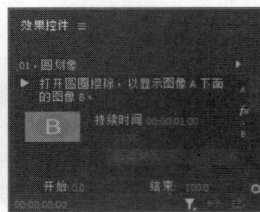

图 3-56   图 3-57   图 3-58

（2）选择"效果"面板，单击"内滑"效果前面的 按钮将其展开，选中"推"效果，如图 3-59

所示。将"推"效果拖曳到"时间轴"面板"V1"轨道中的"02"文件的开始位置，如图 3-60 所示。

图 3-59 　　　　　　　　　　　　　　图 3-60

（3）选择"效果"面板，选中"中心拆分"效果，如图 3-61 所示。将"中心拆分"效果拖曳到"时间轴"面板"V1"轨道中的"03"文件的开始位置，如图 3-62 所示。选择"时间轴"面板中的"中心拆分"效果。选择"效果控件"面板，将"持续时间"设置为 00：00：02：00，将"对齐"设置为"中心切入"，如图 3-63 所示。

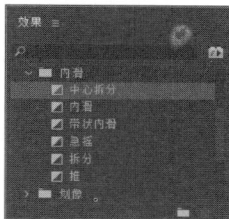

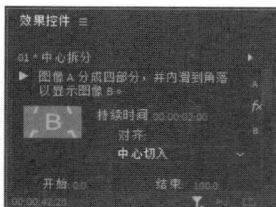

图 3-61 　　　　　　　　图 3-62 　　　　　　　　图 3-63

（4）选择"效果"面板，选中"推"效果。将"推"效果拖曳到"时间轴"面板"V1"轨道中的"03"文件的结束位置和开始位置，如图 3-64 所示。

（5）选择"效果"面板，单击"划像"效果前面的 ▶ 按钮将其展开，选中"菱形划像"效果，如图 3-65 所示。将"菱形划像"效果拖曳到"时间轴"面板"V1"轨道中的"04"文件的开始位置，如图 3-66 所示。选择"时间轴"面板中的"菱形划像"效果。选择"效果控件"面板，将"持续时间"设置为 00：00：01：25，如图 3-67 所示。唯美古风短视频的转场添加完成。

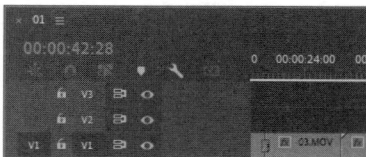
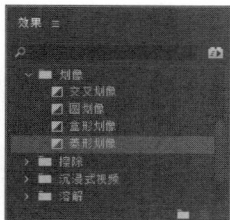

图 3-64 　　　　　　　　　　　　　　图 3-65

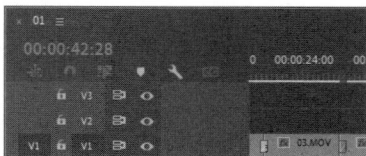
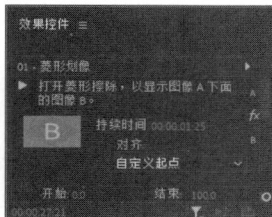

图 3-66 　　　　　　　　　　　　　　图 3-67

3.2.2 "3D 运动"效果

在"3D 运动"效果中，共包含两种过渡效果，如图 3-68 所示。使用不同的过渡效果后，效果如图 3-69 所示。

图 3-68

立方体旋转 翻转

图 3-69

3.2.3 "内滑"效果

在"内滑"效果中，共包含 5 种过渡效果，如图 3-70 所示。使用不同的过渡效果后，效果如图 3-71 所示。

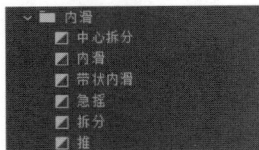

图 3-70

中心拆分 内滑 带状内滑

急摇 拆分 推

图 3-71

3.2.4 "划像"效果

在"划像"效果中，共包含 4 种过渡效果，如图 3-72 所示。使用不同的过渡效果后，效果如图 3-73 所示。

图 3-72

| 交叉划像 | 圆划像 |

| 盒形划像 | 菱形划像 |

图 3-73

3.2.5 课堂案例——添加美食创意宣传片的转场

案例学习目标

学习使用过渡效果制作素材转场。

案例知识要点

使用"导入"命令导入视频文件，使用"划出"效果、"随机块"效果、"VR 光线"效果、"插入"效果和"随机擦除"效果制作视频之间的过渡效果，使用"效果控件"面板编辑过渡效果，最终效果如图 3-74 所示。

微课视频   扩展案例

添加美食创意
宣传片的转场   添加京城韵味
电子相册的转场

图 3-74

◉ **效果文件所在位置**

Ch03/添加美食创意宣传片的转场/添加美食创意宣传片的转场.prproj。

1. 添加并调整素材

（1）启动 Premiere Pro 2021，选择"文件>新建>项目"命令，弹出"新建项目"对话框，如图 3-75 所示，单击"确定"按钮，新建项目。

（2）选择"文件>导入"命令，弹出"导入"对话框，选择云盘中的"Ch03/添加美食创意宣传片的转场/素材/01"文件，如图 3-76 所示，单击"打开"按钮，将素材文件导入"项目"面板中，如图 3-77 所示。在"项目"面板中，选中"01"文件并将其拖曳到"时间轴"面板的"V1"轨道中，生成"01"序列，如图 3-78 所示。

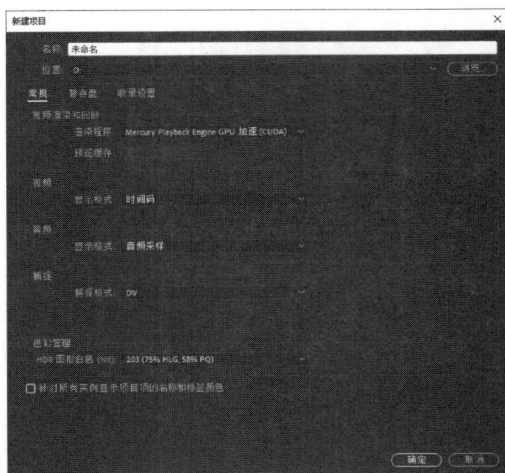

图 3-75

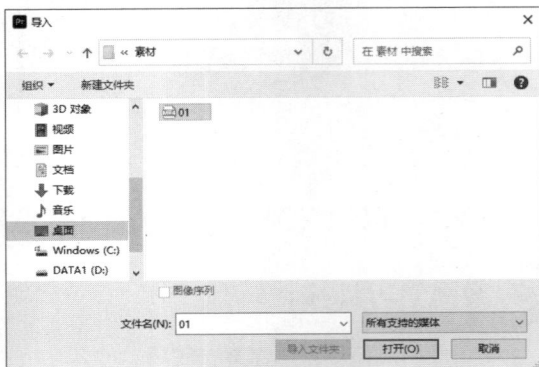

图 3-76

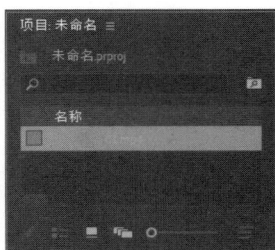

图 3-77

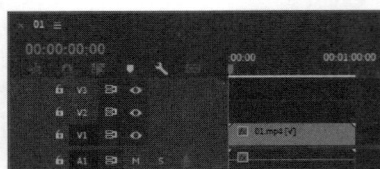

图 3-78

（3）在按住 Alt 键的同时，选择下方的音频，如图 3-79 所示。按 Delete 键，删除音频，效果如图 3-80 所示。

图 3-79

图 3-80

（4）选择"时间轴"面板中的"01"文件。在"01"文件上单击鼠标右键，在弹出的快捷菜单中选择"速度/持续时间"命令，在弹出的对话框中进行设置，如图 3-81 所示，单击"确定"按钮，效果如图 3-82 所示。

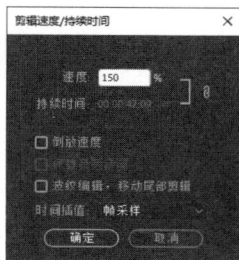

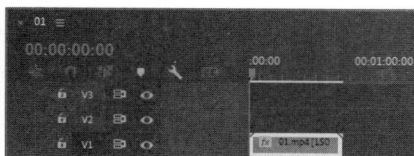

图 3-81　　　　　　　　　　　　　　　图 3-82

（5）将时间标签放置在 00:00:05:20 的位置，选择"剃刀"工具，单击切割文件，如图 3-83 所示。将时间标签放置在 00:00:08:17 的位置，单击切割文件，如图 3-84 所示。

图 3-83　　　　　　　　　　　　　　　图 3-84

（6）选择"选择"工具，选择切割后左侧的文件，如图 3-85 所示。选择"编辑>波纹删除"命令，删除选中的文件，如图 3-86 所示。

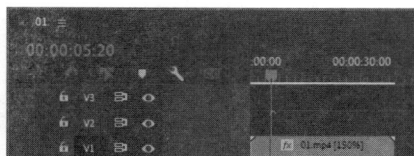

图 3-85　　　　　　　　　　　　　　　图 3-86

（7）将时间标签放置在 00:00:11:20 的位置，选择"剃刀"工具，单击切割文件，如图 3-87 所示。选择"选择"工具，选择切割后左侧的文件。在文件上单击鼠标右键，在弹出的快捷菜单中选择"速度/持续时间"命令，在弹出的对话框中勾选"波纹编辑，移动尾部剪辑"复选框，其他设置如图 3-88 所示，单击"确定"按钮，效果如图 3-89 所示。

（8）将时间标签放置在 00:00:12:16 的位置。选择"剃刀"工具，单击切割文件，如图 3-90 所示。

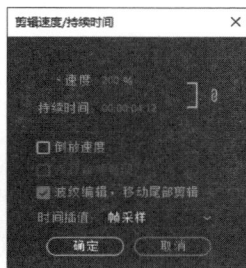

图 3-87　　　　　　　　　　　　　　　图 3-88

图 3-89

图 3-90

（9）选择"选择"工具，选择切割后左侧的文件。选择"编辑>波纹删除"命令，删除选中的文件，效果如图 3-91 所示。将时间标签放置在 00:00:12:03 的位置，选择"剃刀"工具，单击切割文件，如图 3-92 所示。

图 3-91

图 3-92

（10）选择"选择"工具，选择切割后左侧的文件。在文件上单击鼠标右键，在弹出的快捷菜单中选择"速度/持续时间"命令，弹出的对话框及其设置如图 3-93 所示，单击"确定"按钮，效果如图 3-94 所示。

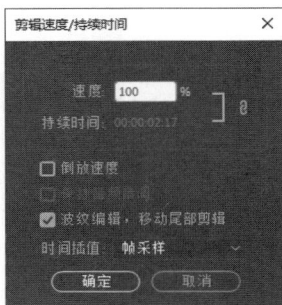
图 3-93

图 3-94

（11）将时间标签放置在 00:00:20:17 的位置，选择"剃刀"工具，单击切割文件，如图 3-95 所示。将时间标签放置在 00:00:25:19 的位置，单击切割文件，如图 3-96 所示。

图 3-95

图 3-96

（12）选择"选择"工具，选择切割后右侧的文件。在文件上单击鼠标右键，在弹出的快捷菜单中选择"速度/持续时间"命令，弹出的对话框及其设置如图 3-97 所示，单击"确定"按钮，效果如图 3-98 所示。

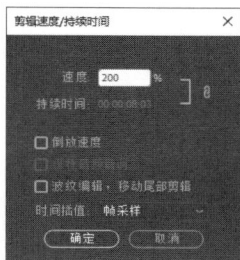

图 3-97　　　　　　　　　　　　　　　图 3-98

2. 为素材添加过渡效果

（1）选择"效果"面板，展开"视频过渡"，单击"擦除"效果前面的▶按钮将其展开，选中"划出"效果，如图 3-99 所示。将"划出"效果拖曳到"时间轴"面板中第 1 个"01"文件的开始位置，如图 3-100 所示。

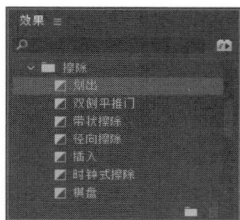

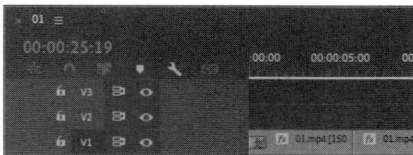

图 3-99　　　　　　　　　　　　　　图 3-100

（2）选择"时间轴"面板中的"划出"效果，如图 3-101 所示。选择"效果控件"面板，将"持续时间"设置为 00:00:03:00，如图 3-102 所示。

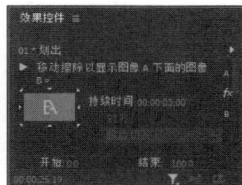

图 3-101　　　　　　　　　　　　　图 3-102

（3）选择"效果"面板，选中"随机块"效果，如图 3-103 所示。将"随机块"效果拖曳到"时间轴"面板中的第 3 个"01"文件的结束位置和第 4 个"01"文件的开始位置，如图 3-104 所示。

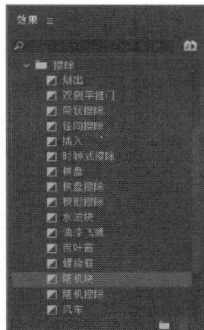

图 3-103　　　　　　　　　　　　　图 3-104

（4）选择"效果"面板，单击"沉浸式视频"效果前面的▶按钮将其展开，选中"VR 光线"效果，如图 3-105 所示。将"VR 光线"效果拖曳到"时间轴"面板中的第 4 个"01"文件的结束位置和第 5 个"01"文件的开始位置，如图 3-106 所示。选择"时间轴"面板中的"VR 光线"效果。选择"效果控件"面板，将"持续时间"设置为 00:00:03:00，如图 3-107 所示。

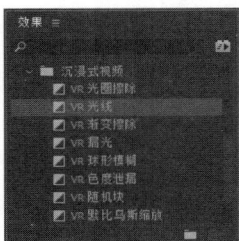
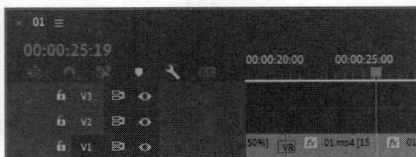
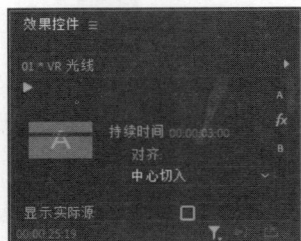

图 3-105   图 3-106   图 3-107

（5）选择"效果"面板，单击"擦除"效果前面的▶按钮将其展开，选中"插入"效果，如图 3-108 所示。将"插入"效果拖曳到"时间轴"面板中的第 5 个"01"文件的结束位置和第 6 个"01"文件的开始位置，如图 3-109 所示。选择"时间轴"面板中的"插入"效果。选择"效果控件"面板，将"持续时间"设置为 00:00:03:06，如图 3-110 所示。

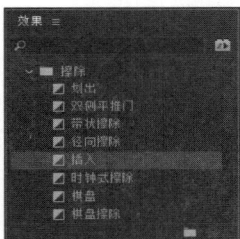
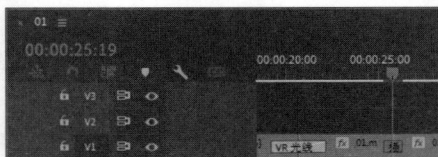
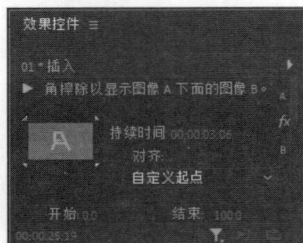

图 3-108   图 3-109   图 3-110

（6）选择"效果"面板，选中"随机擦除"效果，如图 3-111 所示。将"随机擦除"效果拖曳到"时间轴"面板中的第 6 个"01"文件的结束位置，如图 3-112 所示。选择"时间轴"面板中的"随机擦除"效果。选择"效果控件"面板，将"持续时间"设置为 00:00:02:00，如图 3-113 所示。美食创意宣传片的转场添加完成。

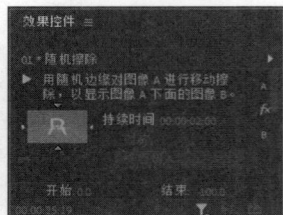

图 3-111   图 3-112   图 3-113

3.2.6 "擦除"效果

在"擦除"效果中，共包含 17 种过渡效果，如图 3-114 所示。使用不同的过渡效果后，效果如图 3-115 所示。

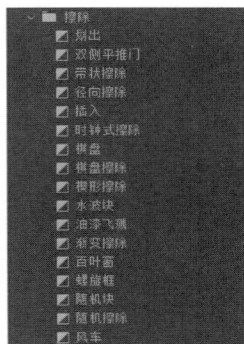

图 3-114

划出

双侧平推门

带状擦除

径向擦除

插入

时钟式擦除

棋盘

棋盘擦除

楔形擦除

水波块

油漆飞溅

渐变擦除

图 3-115

百叶窗　　　　　　　　　螺旋框　　　　　　　　　随机块

随机擦除　　　　　　　　　风车

图 3-115（续）

3.2.7　"沉浸式视频"效果

在"沉浸式视频"效果中，共包含 8 种过渡效果，如图 3-116 所示。使用不同的过渡效果后，效果如图 3-117 所示。

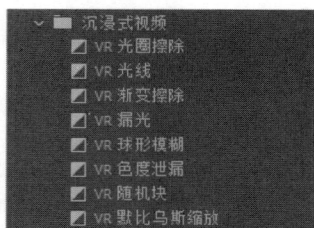

图 3-116

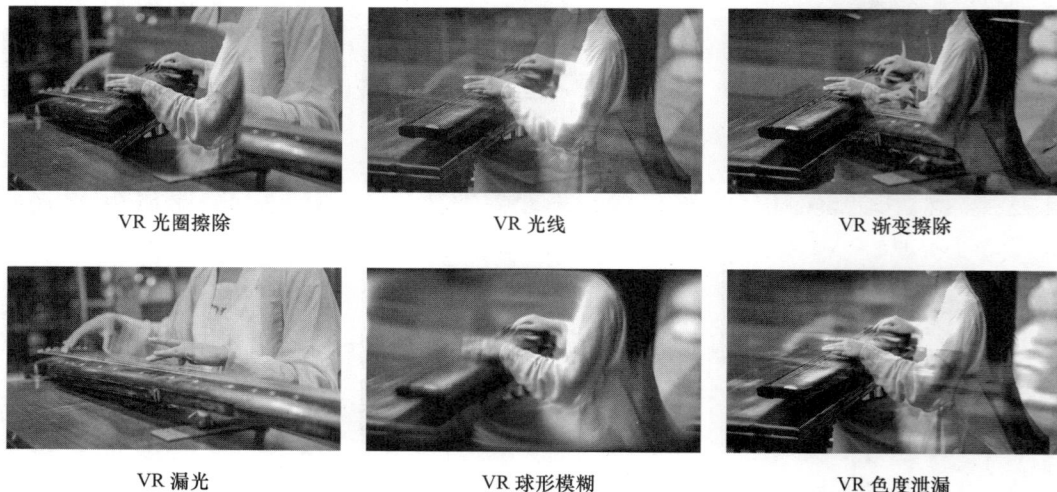

VR 光圈擦除　　　　　　　VR 光线　　　　　　　　VR 渐变擦除

VR 漏光　　　　　　　　　VR 球形模糊　　　　　　VR 色度泄漏

图 3-117

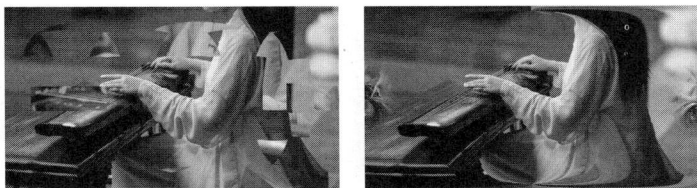

VR 随机块　　　　　　　　　VR 默比乌斯缩放

图 3-117（续）

3.2.8　课堂案例——添加家居短视频的转场

案例学习目标

学习使用过渡效果制作素材转场。

案例知识要点

使用"导入"命令导入视频文件，使用"白场过渡"效果、"菱形划像"效果、"交叉缩放"效果和"带状内滑"效果制作视频之间的过渡，使用"效果控件"面板编辑视频文件的大小，最终效果如图 3-118 所示。

微课视频　　　　　　扩展案例

添加家居短视频　　　添加可爱猫咪
的转场　　　　　　短视频的转场

图 3-118

效果文件所在位置

Ch03/添加家居短视频的转场/添加家居短视频的转场.prproj。

（1）启动 Premiere Pro 2021，选择"文件>新建>项目"命令，弹出"新建项目"对话框，如图 3-119 所示，单击"确定"按钮，新建项目。选择"文件>新建>序列"命令，弹出"新建序列"对话框，单击"设置"选项卡，设置如图 3-120 所示，单击"确定"按钮，新建序列。

（2）选择"文件>导入"命令，弹出"导入"对话框，选择云盘中的"Ch03/添加家居短视频的转场/素材/01~05"文件，如图 3-121 所示，单击"打开"按钮，将素材文件导入"项目"面板中，如图 3-122 所示。

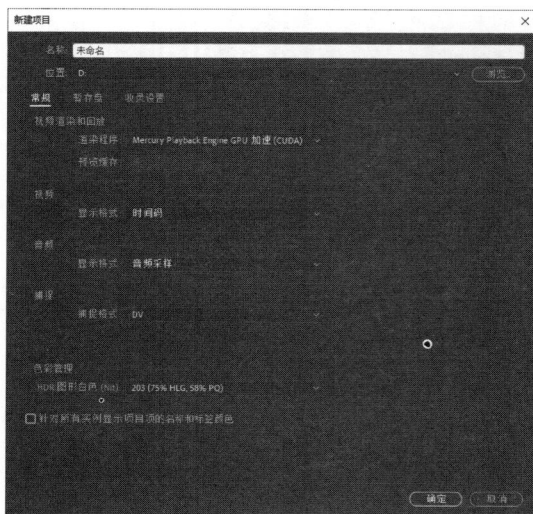

图 3-119

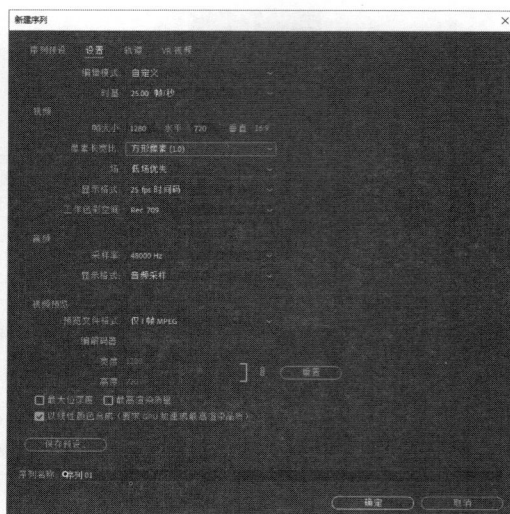

图 3-120

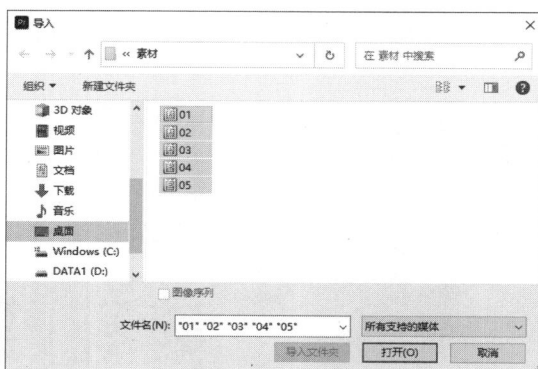

图 3-121

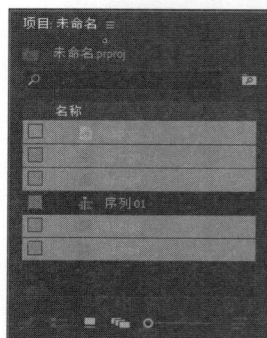

图 3-122

（3）在"项目"面板中，选中"01"文件并将其拖曳到"时间轴"面板的"V1"轨道中，弹出"剪辑不匹配警告"对话框，单击"保持现有设置"按钮，在保持现有序列设置的情况下将"01"文件放置在"V1"轨道中，效果如图 3-123 所示。将时间标签放置在 00:00:03:00 的位置。在"项目"面板中，选中"02"文件并将其拖曳到"时间轴"面板的"V2"轨道中，如图 3-124 所示。

图 3-123

图 3-124

（4）将时间标签放置在 00:00:07:00 的位置。在"项目"面板中，选中"03"文件并将其拖曳到"时间轴"面板的"V1"轨道中，如图 3-125 所示。将时间标签放置在 00:00:10:00 的位置。单击"03"文件的结束位置，显示编辑点。当鼠标指针呈 █ 形状时，向左拖曳到 00:00:10:00 的位置，如图 3-126 所示。

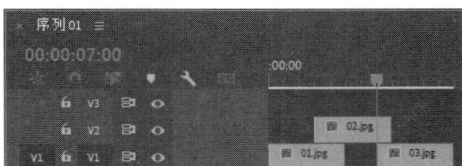

图 3-125

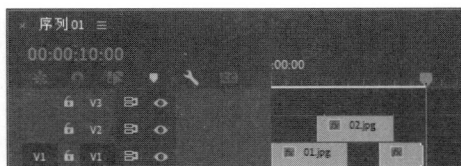

图 3-126

（5）在"项目"面板中，选中"04"文件和"05"文件并分别将其拖曳到"时间轴"面板的"V1"轨道和"V3"轨道中，如图 3-127 所示。将时间标签放置在 00:00:14:24 的位置。单击"05"文件的结束位置，显示编辑点。按 E 键，将所选编辑点扩展到时间标签的位置，如图 3-128 所示。

图 3-127

图 3-128

（6）将时间标签放置在 00:00:00:00 的位置。选中"时间轴"面板中的"05"文件。选择"效果控件"面板，展开"运动"栏，将"位置"设置为 1120.0 和 83.0，如图 3-129 所示。

（7）选择"效果"面板，展开"视频过渡"，单击"溶解"效果前面的▶按钮将其展开，选中"白场过渡"效果，如图 3-130 所示。将"白场过渡"效果分别拖曳到"时间轴"面板"01"文件和"05"文件的开始位置，如图 3-131 所示。

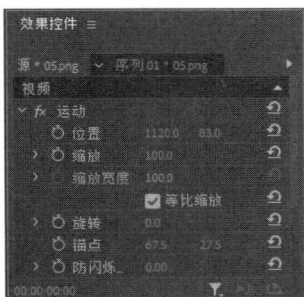

图 3-129

图 3-130

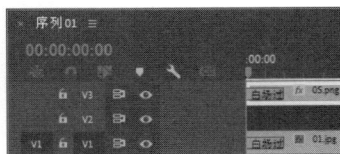

图 3-131

（8）选择"效果"面板，单击"划像"效果前面的▶按钮将其展开，选中"菱形划像"效果，如图 3-132 所示。将"菱形划像"效果拖曳到"时间轴"面板"02"文件的开始位置，如图 3-133 所示。

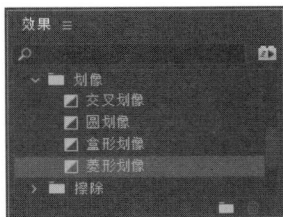

图 3-132

图 3-133

（9）选择"效果"面板，单击"缩放"效果前面的▶按钮将其展开，选中"交叉缩放"效果，如图 3-134 所示。将"交叉缩放"效果拖曳到"时间轴"面板"02"文件的结束位置，如图 3-135 所示。

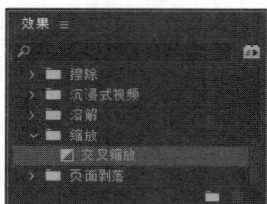

图 3-134

图 3-135

（10）选择"效果"面板，单击"内滑"效果前面的▶按钮将其展开，选中"带状内滑"效果，如图 3-136 所示。将"带状内滑"效果拖曳到"时间轴"面板"03"文件的结束位置和"04"文件的开始位置，如图 3-137 所示。

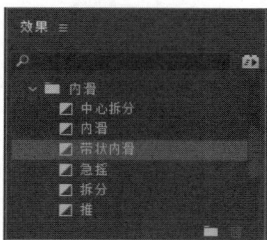

图 3-136

图 3-137

（11）选择"效果"面板，单击"溶解"效果前面的▶按钮将其展开，选中"黑场过渡"效果，如图 3-138 所示。将"黑场过渡"效果分别拖曳到"时间轴"面板"04"文件和"05"文件的结束位置，如图 3-139 所示。家居短视频的转场添加完成。

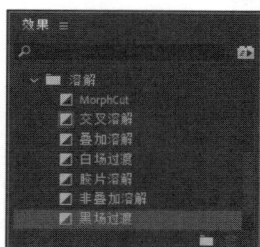

图 3-138

图 3-139

3.2.9 "溶解"效果

在"溶解"效果中，共包含 7 种过渡效果，如图 3-140 所示。使用不同的过渡效果后，效果如图 3-141 所示。

图 3-140

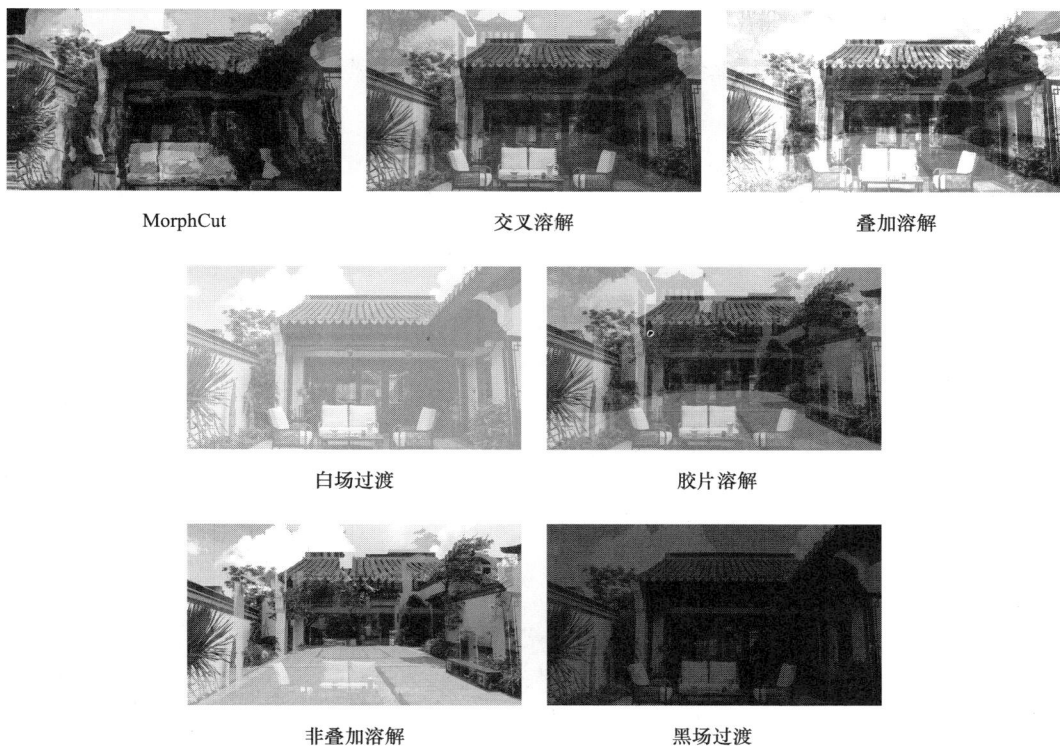

MorphCut　　　　交叉溶解　　　　叠加溶解

白场过渡　　　　胶片溶解

非叠加溶解　　　　黑场过渡

图 3-141

3.2.10 "缩放"效果

在"缩放"效果中，只包含交叉缩放一种过渡效果，如图 3-142 所示。使用过渡效果后，效果如图 3-143 所示。

图 3-142　　　　图 3-143

3.2.11 "页面剥落"效果

在"页面剥落"效果中，共包含翻页、页面剥落这两种过渡效果，如图 3-144 所示。使用不同的过渡效果后，效果如图 3-145 所示。

图 3-144

图 3-145

课堂练习——添加中秋纪念电子相册的转场

🔗 练习知识要点

　　使用"导入"命令导入素材文件，使用"内滑"效果、"拆分"效果、"翻页"效果和"交叉缩放"效果制作视频之间的过渡，使用"速度/持续时间"命令调整素材文件，最终效果如图 3-146 所示。

微课视频

添加中秋纪念
电子相册的转场

图 3-146

◎ 效果文件所在位置

　　Ch03/添加中秋纪念电子相册的转场/添加中秋纪念电子相册的转场.prproj。

课后习题——添加北京大栅栏短视频的转场

🔗 习题知识要点

　　使用"导入"命令导入视频文件，使用"划出"效果、"VR 漏光"效果、"随机块"效果和"黑场过渡"效果制作视频之间的过渡效果，使用"效果控件"面板调整过渡，最终效果如图 3-147 所示。

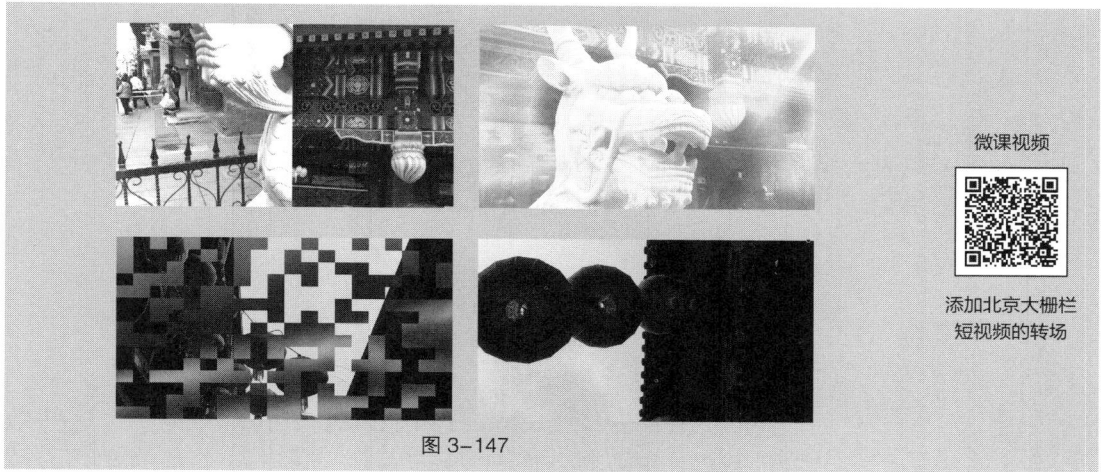

图 3-147

微课视频

添加北京大栅栏
短视频的转场

效果文件所在位置

Ch03/添加北京大栅栏短视频的转场/添加北京大栅栏短视频的转场. prproj。

04

第 4 章
视频效果应用

本章主要介绍 Premiere Pro 2021 中的视频效果。这些效果可以应用在视频、图片和文字上。通过对本章的学习，读者可以快速了解并掌握视频效果制作的精髓部分，并创作出丰富多彩的视觉效果。

学习目标

◇　了解视频效果的应用。
◇　熟练掌握关键帧的使用方法。
◇　掌握多种视频效果与效果的设置方法。

技能目标

◇　掌握武汉城市形象宣传片的波纹转场的制作方法。
◇　掌握都市生活短视频的卷帘转场的制作方法。
◇　掌握青春生活短视频的翻页转场的制作方法。

素养目标

◇　培养为素材添加各类效果的实际应用能力。
◇　培养使用"时间轴"面板来创建各种动画以展示创意的能力。
◇　培养坚持实践和积极探索的能力。

4.1 应用视频效果

为素材添加视频效果很简单，只需从"效果"面板中拖曳效果到"时间轴"面板中的素材片段上即可。如果素材片段处于被选中的状态，也可以双击"效果"面板中的效果或直接将效果拖曳到该片段的"效果控件"面板中。

4.2 使用关键帧

在 Premiere Pro 2021 中，可以添加、选择和编辑关键帧。下面对关键帧的基本操作进行具体介绍。

4.2.1 关于关键帧

若要让效果随时间而改变，可以使用关键帧技术。当创建了一个关键帧后，就可以指定一个效果属性在确切的时间点上的值。当为多个关键帧赋予不同的值时，Premiere Pro 2021 会自动计算关键帧之间的值，这个处理过程称为"插补"。大多数标准效果都可以在素材的整个时间长度中设置关键帧。对于固定效果，如位置和缩放，可以设置关键帧，使素材产生动画，也可以移动、复制或删除关键帧和改变插补的模式。

4.2.2 激活关键帧

为了设置动画效果属性，必须激活属性的关键帧，任何支持关键帧的效果属性都有"切换动画"按钮，单击该按钮可插入一个关键帧。插入关键帧（即激活关键帧）后，就可以在不同的时间标签处调整素材属性，效果如图 4-1 所示。

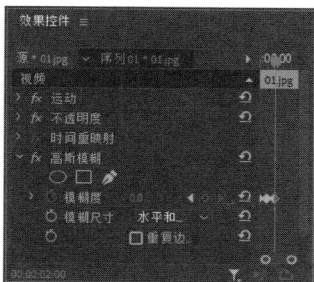

图 4-1

4.3 视频效果与效果操作

下面对 Premiere Pro 2021 中的各个视频效果进行详细的介绍。

4.3.1 课堂案例——制作武汉城市形象宣传片的波纹转场

案例学习目标

学习使用"扭曲"效果制作波纹转场。

🔒 案例知识要点

　　使用"导入"命令导入素材文件，使用入点和出点调整素材文件，使用"湍流置换"效果和"效果控件"面板制作波纹转场，最终效果如图 4-2 所示。

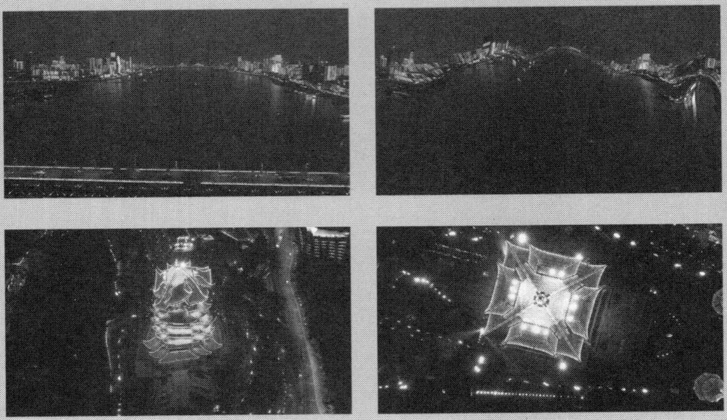

微课视频　　　　扩展案例

制作武汉城市　　　制作健康出行
形象宣传片的　　　宣传片的变形
波纹转场　　　　资源文件

图 4-2

🎯 效果文件所在位置

　　Ch04/制作武汉城市形象宣传片的波纹转场/制作武汉城市形象宣传片的波纹转场. prproj。

　　1．**添加并调整素材**

　　（1）启动 Premiere Pro 2021，选择"文件>新建>项目"命令，弹出"新建项目"对话框，如图 4-3 所示，单击"确定"按钮，新建项目。

　　（2）选择"文件>导入"命令，弹出"导入"对话框，选择云盘中的"Ch04/制作武汉城市形象宣传片的波纹转场/素材/01～03"文件，如图 4-4 所示，单击"打开"按钮，将素材文件导入"项目"面板中，如图 4-5 所示。双击"项目"面板中的"01"文件，在"源"窗口中打开"01"文件。将时间标签放置在 00:00:18:00 的位置，按 I 键，创建入点，如图 4-6 所示。

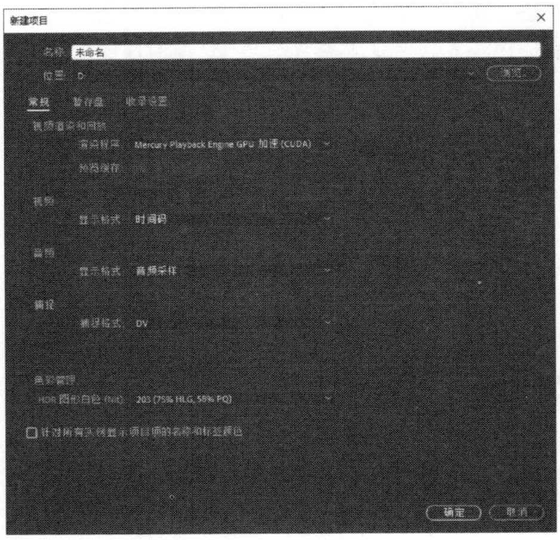

图 4-3

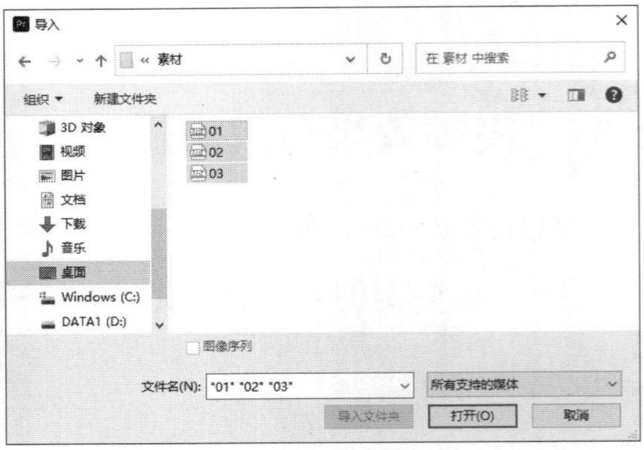

图 4-4

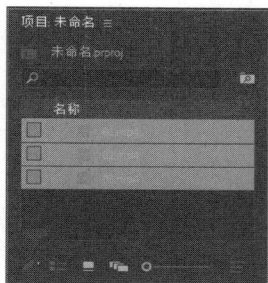

图 4-5

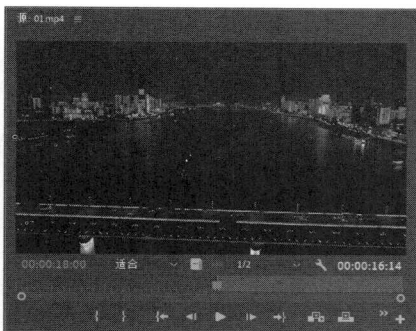

图 4-6

（3）将时间标签放置在 00∶00∶25∶00 的位置，按 O 键，创建出点，如图 4-7 所示。选中"源"窗口中的"01"文件并将其拖曳到"时间轴"面板的"V1"轨道中，生成"01"序列，如图 4-8 所示。

图 4-7

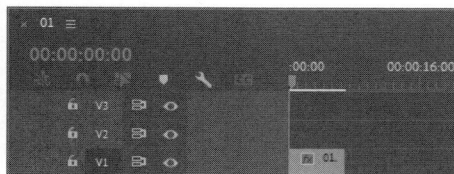

图 4-8

（4）双击"项目"面板中的"02"文件，在"源"窗口中打开"02"文件。将时间标签放置在 00∶00∶10∶00 的位置，按 O 键，创建出点，如图 4-9 所示。选中"源"窗口中的"02"文件并将其拖曳到"时间轴"面板的"V1"轨道中，如图 4-10 所示。

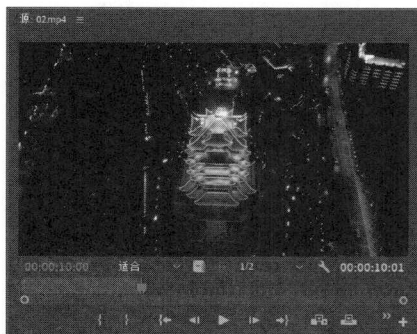

图 4-9

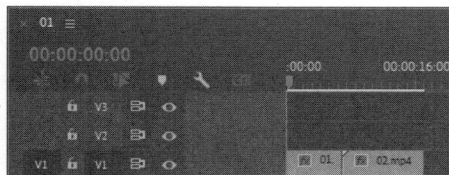

图 4-10

（5）双击"项目"面板中的"03"文件，在"源"窗口中打开"03"文件。将时间标签放置在 00∶00∶17∶00 的位置，按 I 键，创建入点，如图 4-11 所示。将时间标签放置在 00∶00∶25∶00 的位置，按 O 键，创建出点，如图 4-12 所示。

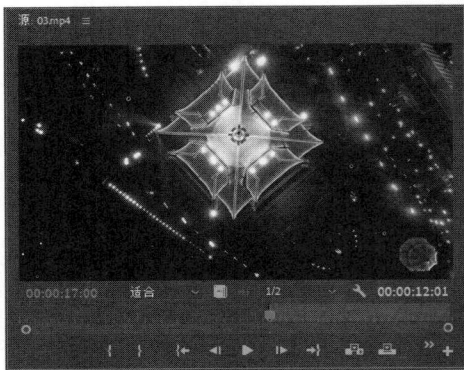

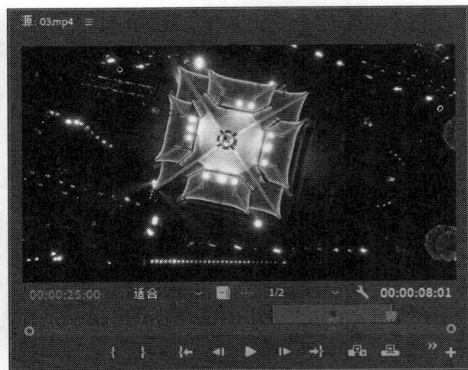

图 4-11　　　　　　　　　　　　　　　图 4-12

（6）选中"源"窗口中的"03"文件并将其拖曳到"时间轴"面板的"V1"轨道中，如图 4-13 所示。

图 4-13

2. 制作波纹转场

（1）选择"项目"面板，选择"文件>新建>调整图层"命令，弹出"调整图层"对话框，如图 4-14 所示，单击"确定"按钮，在"项目"面板中新建调整图层，如图 4-15 所示。

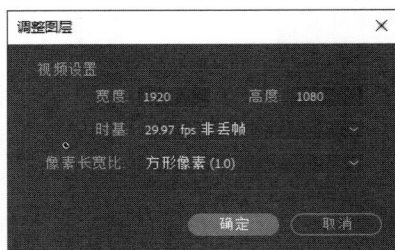

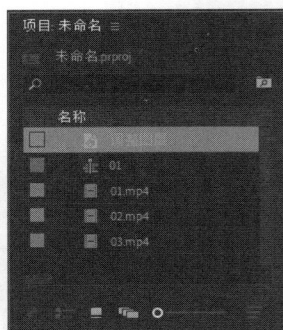

图 4-14　　　　　　　　　　　　　图 4-15

（2）将时间标签放置在 00:00:04:15 的位置。选择"项目"面板中的"调整图层"，将其拖曳到"时间轴"面板的"V2"轨道中，如图 4-16 所示。

图 4-16

（3）选择"效果"面板，展开"视频效果"，单击"扭曲"效果前面的▶按钮将其展开，选中"湍流置换"效果，如图 4-17 所示。将"湍流置换"效果拖曳到"时间轴"面板"V2"轨道中的"调整图层"文件上，如图 4-18 所示。

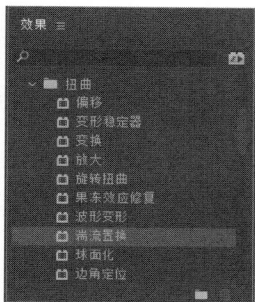

图 4-17

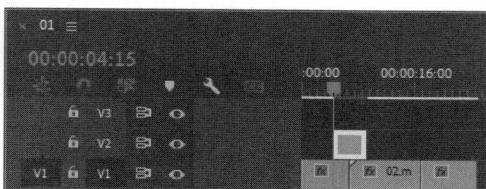

图 4-18

（4）选中"时间轴"面板中的"调整图层"文件。选择"效果控件"面板，展开"湍流置换"栏，将"数量"设置为 0.0，将"演化"设置为 0.0，单击"数量"和"演化"选项左侧的"切换动画"按钮，如图 4-19 所示，记录第 1 个动画关键帧。

（5）将时间标签放置在 00:00:06:25 的位置。将"数量"设置为 100.0，将"演化"设置为 50.0°，如图 4-20 所示，记录第 2 个动画关键帧。

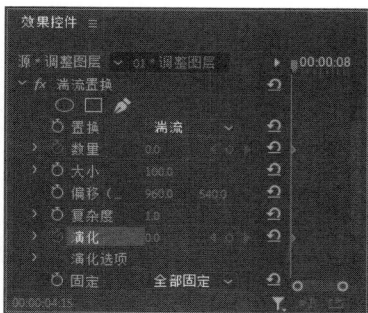

图 4-19

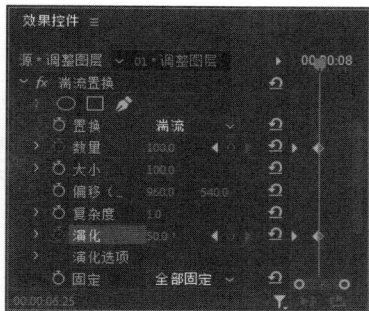

图 4-20

（6）将时间标签放置在 00:00:09:13 的位置。将"数量"设置为 0.0，将"演化"设置为 0.0°，如图 4-21 所示，记录第 3 个动画关键帧。选择"时间轴"面板，按 Ctrl+C 组合键，复制"调整图层"，如图 4-22 所示。

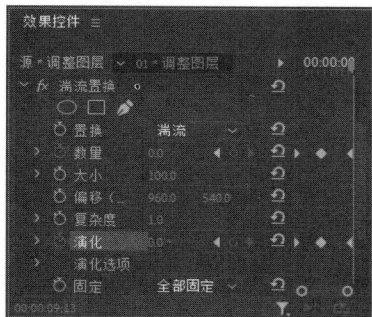

图 4-21

图 4-22

（7）单击"V2"轨道左侧图标，将其设置为目标轨道。再次单击"V1"轨道左侧图标，取消"V1"轨道的选择，如图 4-23 所示。将时间标签放置在 00:00:14:24 的位置。按 Ctrl+V 组合键，粘贴所复制的文件，效果如图 4-24 所示。武汉城市形象宣传片的波纹转场制作完成。

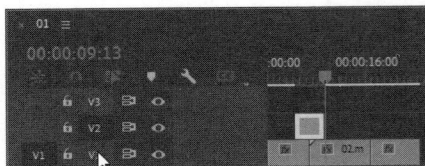
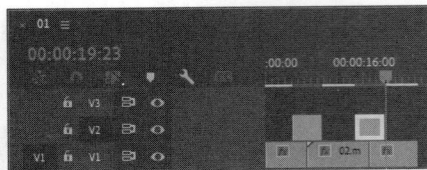

图 4-23　　　　　　　　　　　　　　图 4-24

4.3.2 "变换"效果

"变换"效果主要通过对影像进行变换来制作各种画面效果，共包含 5 种效果，如图 4-25 所示。使用不同的效果后，效果如图 4-26 所示。

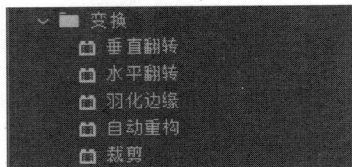

图 4-25

原图　　　　　　　　　垂直翻转　　　　　　　　水平翻转

羽化边缘　　　　　　　自动重构　　　　　　　　裁剪
图 4-26

4.3.3 "实用程序"效果

"实用程序"效果只包含"Cineon 转换器"一种效果，如图 4-27 所示，该效果表示使用 Cineon 转换器对影像色调进行调整和设置。使用效果前后对比如图 4-28 所示。

图 4-27

原图　　　　　　　Cineon 转换器

图 4-28

4.3.4 "扭曲"效果

"扭曲"效果主要通过对图像进行几何扭曲变形来制作各种变形效果，共包含 12 种效果，如图 4-29 所示。使用不同的效果后，效果如图 4-30 所示。

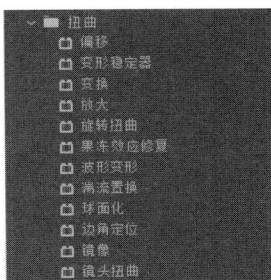

图 4-29

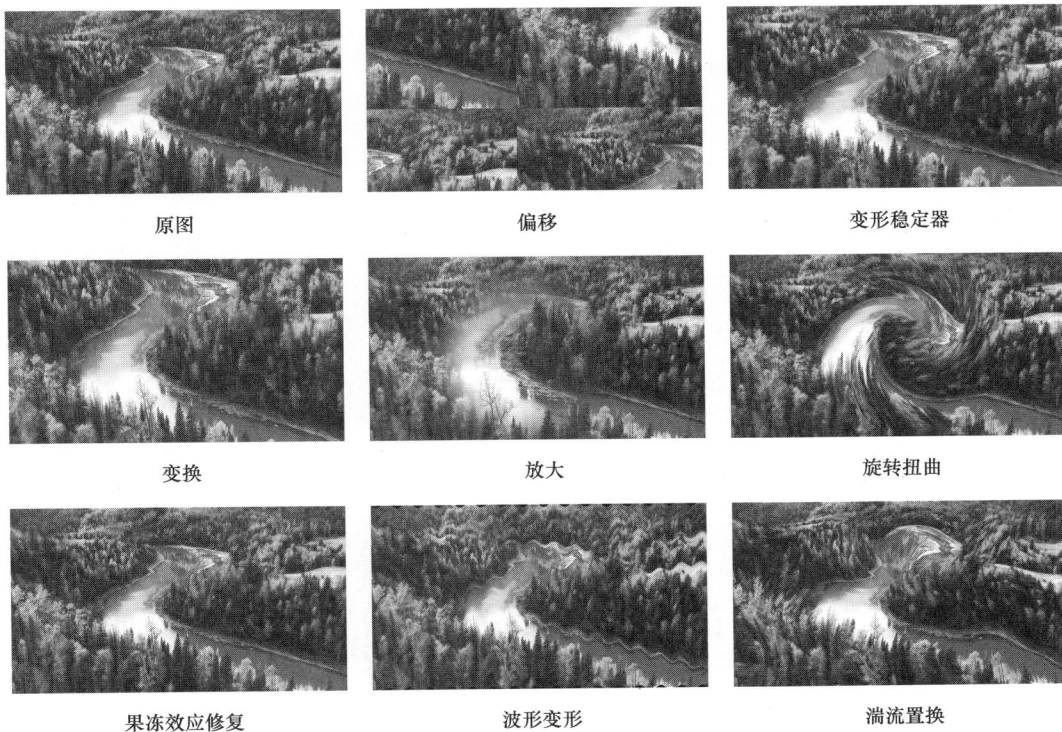

原图　　　　　　偏移　　　　　　变形稳定器

变换　　　　　　放大　　　　　　旋转扭曲

果冻效应修复　　波形变形　　　　湍流置换

图 4-30

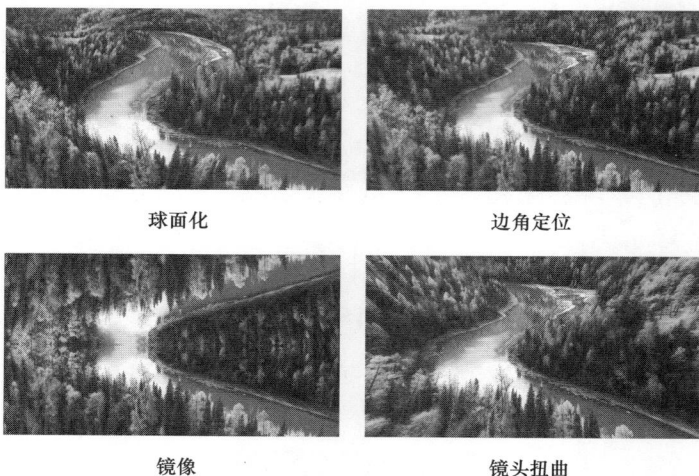

球面化 边角定位

镜像 镜头扭曲

图 4-30（续）

4.3.5 "时间"效果

"时间"效果用于对素材的时间特性进行控制，该效果包含 2 种效果，如图 4-31 所示。使用不同的效果后，效果如图 4-32 所示。

图 4-31

原图 残影 色调分离时间

图 4-32

4.3.6 "杂色与颗粒"效果

"杂色与颗粒"效果主要用于去除素材画面中的擦痕及噪点，共包含 6 种效果，如图 4-33 所示。使用不同的效果后，效果如图 4-34 所示。

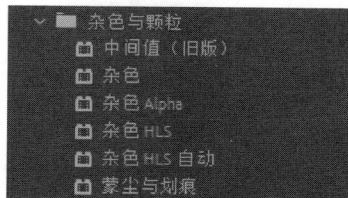

图 4-33

原图　　　　　　　　中间值（旧版）　　　　　　　　杂色

杂色 Alpha　　　　　　　　杂色 HLS

杂色 HLS 自动　　　　　　　　蒙尘与划痕

图 4-34

4.3.7　课堂案例——制作都市生活短视频的卷帘转场

案例学习目标

学习使用"偏移"效果和"方向模糊"效果制作卷帘转场。

案例知识要点

使用"导入"命令导入素材文件，使用入点和出点调整素材文件，使用"偏移"效果、"方向模糊"效果和"效果控件"面板制作卷帘转场，最终效果如图 4-35 所示。

微课视频

扩展案例

制作都市生活
短视频的卷帘
转场

城市风光宣传片

图 4-35

◉ 效果文件所在位置

Ch04/制作都市生活短视频的卷帘转场/制作都市生活短视频的卷帘转场. prproj。

1. 添加并调整素材

（1）启动 Premiere Pro 2021，选择"文件>新建>项目"命令，弹出"新建项目"对话框，如图 4-36 所示，单击"确定"按钮，新建项目。

（2）选择"文件>导入"命令，弹出"导入"对话框，选择云盘中的"Ch04/制作都市生活短视频的卷帘转场/素材/01～03"文件，如图 4-37 所示，单击"打开"按钮，将素材文件导入"项目"面板中，如图 4-38 所示。双击"项目"面板中的"01"文件，在"源"窗口中打开"01"文件。将时间标签放置在 00：00：02：00 的位置，按 I 键，创建入点，如图 4-39 所示。

图 4-36

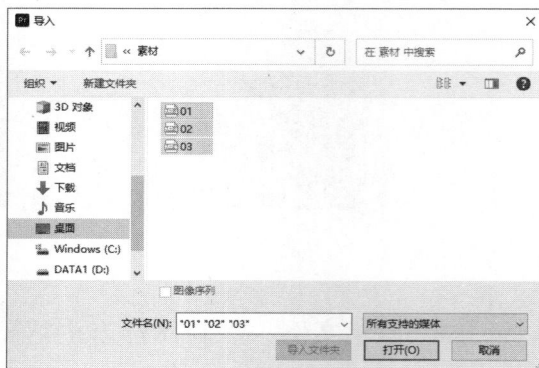

图 4-37

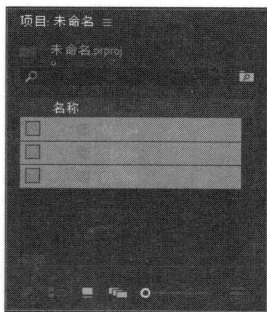

图 4-38

图 4-39

（3）将时间标签放置在 00：00：07：00 的位置，按 O 键，创建出点，如图 4-40 所示。选中"源"窗口中的"01"文件并将其拖曳到"时间轴"面板的"V1"轨道中，生成"01"序列，如图 4-41 所示。

（4）双击"项目"面板中的"02"文件，在"源"窗口中打开"02"文件。将时间标签放置在 00：01：00：00 的位置，按 I 键，创建入点，如图 4-42 所示。将时间标签放置在 00：01：05：00 的位置，按 O 键，创建出点，如图 4-43 所示。选中"源"窗口中的"02"文件并将其拖曳到"时间轴"面板的"V1"轨道中，如图 4-44 所示。

图 4-40

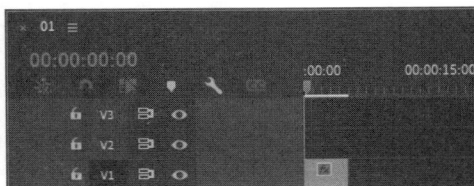
图 4-41

图 4-42

图 4-43

图 4-44

（5）双击"项目"面板中的"03"文件，在"源"窗口中打开"03"文件。将时间标签放置在 00:00:30:05 的位置，按 I 键，创建入点，如图 4-45 所示。将时间标签放置在 00:00:35:05 的位置，按 O 键，创建出点，如图 4-46 所示。选中"源"窗口中的"03"文件并将其拖曳到"时间轴"面板的"V1"轨道中，如图 4-47 所示。

图 4-45

图 4-46

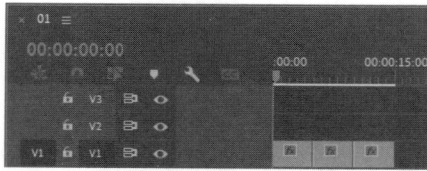

图 4-47

2. 制作卷帘转场

（1）选择"项目"面板，选择"文件>新建>调整图层"命令，弹出"调整图层"对话框，如图 4-48 所示，单击"确定"按钮，在"项目"面板中新建调整图层，如图 4-49 所示。

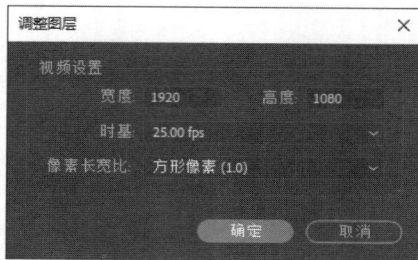

图 4-48

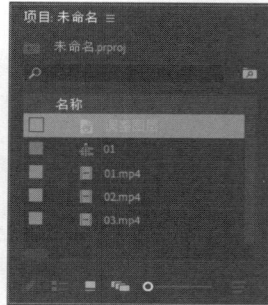

图 4-49

（2）将时间标签放置在 00:00:04:16 的位置。选择"项目"面板中的"调整图层"，将其拖曳到"时间轴"面板的"V2"轨道中，如图 4-50 所示。将时间标签放置在 00:00:05:10 的位置。单击"调整图层"文件的结束位置，显示编辑点，当鼠标指针呈 形状时，向左拖曳到 00:00:05:10 的位置，如图 4-51 所示。

图 4-50

图 4-51

（3）选择"效果"面板，展开"视频效果"，单击"扭曲"效果前面的 按钮将其展开，选中"偏移"效果，如图 4-52 所示。将"偏移"效果拖曳到"时间轴"面板"V2"轨道中的"调整图层"文件上，如图 4-53 所示。

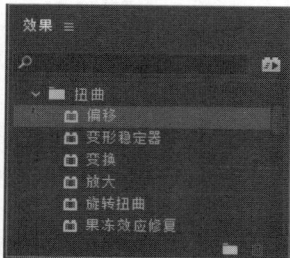

图 4-52

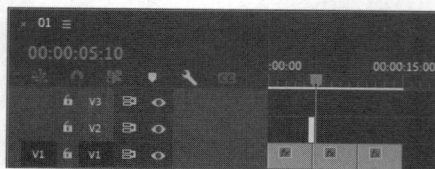

图 4-53

（4）将时间标签放置在 00:00:04:16 的位置。选中"时间轴"面板中的"调整图层"文件。选择"效果控件"面板，展开"偏移"栏，单击"将中心移位至"选项左侧的"切换动画"按钮，如图 4-54 所示，记录第 1 个动画关键帧。将时间标签放置在 00:00:05:08 的位置。将"将中心移位至"设置为 960.0 和 2880.0，如图 4-55 所示，记录第 2 个动画关键帧。

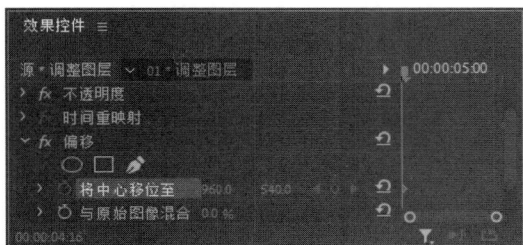
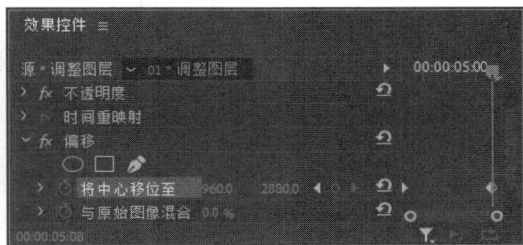

图 4-54 图 4-55

（5）单击"与原始图像混合"选项左侧的"切换动画"按钮，如图 4-56 所示，记录第 1 个动画关键帧。将时间标签放置在 00:00:05:09 的位置，将"与原始图像混合"设置为 100.0%，如图 4-57 所示，记录第 2 个动画关键帧。

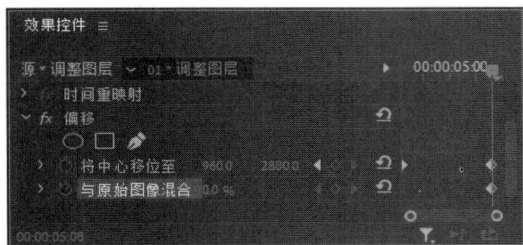
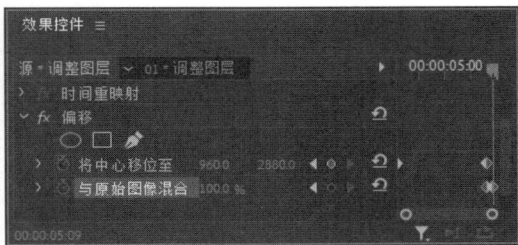

图 4-56 图 4-57

（6）选择"效果"面板，单击"模糊与锐化"效果前面的 按钮将其展开，选中"方向模糊"效果，如图 4-58 所示。将"方向模糊"效果拖曳到"时间轴"面板"V2"轨道中的"调整图层"文件上。选择"效果控件"面板，展开"方向模糊"栏，将"模糊长度"设置为 50.0，如图 4-59 所示。

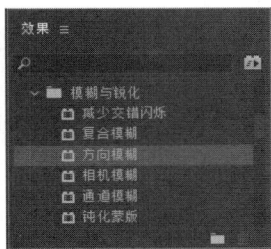
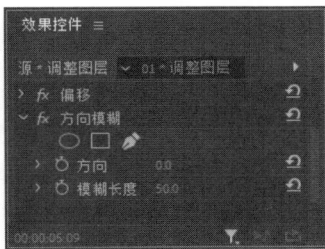

图 4-58 图 4-59

（7）选择"时间轴"面板，按 Ctrl+C 组合键，复制"调整图层"，如图 4-60 所示。单击"V2"轨道左侧图标，将其设置为目标轨道。再次单击"V1"轨道左侧图标，取消"V1"轨道的选择，如图 4-61 所示。将时间标签放置在 00:00:09:18 的位置。按 Ctrl+V 组合键，粘贴所复制的文件，如图 4-62 所示。都市生活短视频的卷帘转场制作完成。

图 4-60

图 4-61

图 4-62

4.3.8 "模糊与锐化"效果

"模糊与锐化"效果主要针对镜头画面进行锐化或模糊处理，共包含 8 种效果，如图 4-63 所示。使用不同的效果后，效果如图 4-64 所示。

图 4-63

原图

减少交错闪烁

复合模糊

方向模糊

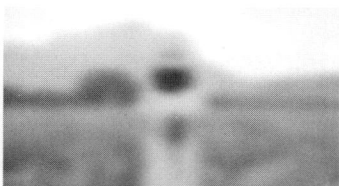
相机模糊

通道模糊

钝化蒙版

锐化

高斯模糊

图 4-64

4.3.9 "沉浸式视频"效果

"沉浸式视频"效果主要是通过虚拟现实技术来实现虚拟现实的一种效果，共包含 11 种效果，如图 4-65 所示。使用不同的效果后，效果如图 4-66 所示。

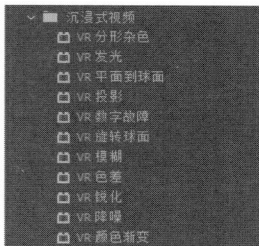

图 4-65

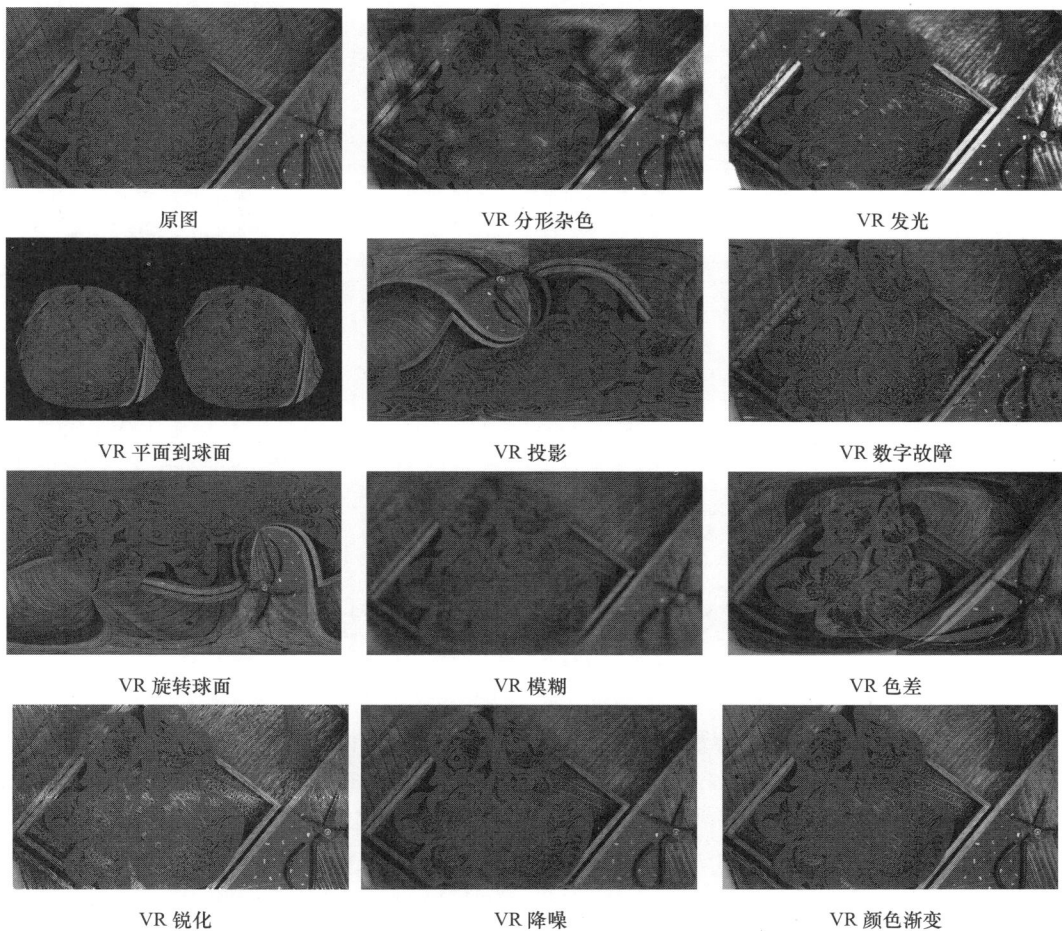

原图	VR 分形杂色	VR 发光
VR 平面到球面	VR 投影	VR 数字故障
VR 旋转球面	VR 模糊	VR 色差
VR 锐化	VR 降噪	VR 颜色渐变

图 4-66

4.3.10 "生成"效果

"生成"效果主要用来生成一些效果，共包含 12 种效果，如图 4-67 所示。使用不同的效果后，效果如图 4-68 所示。

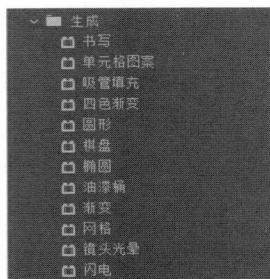

图 4-67

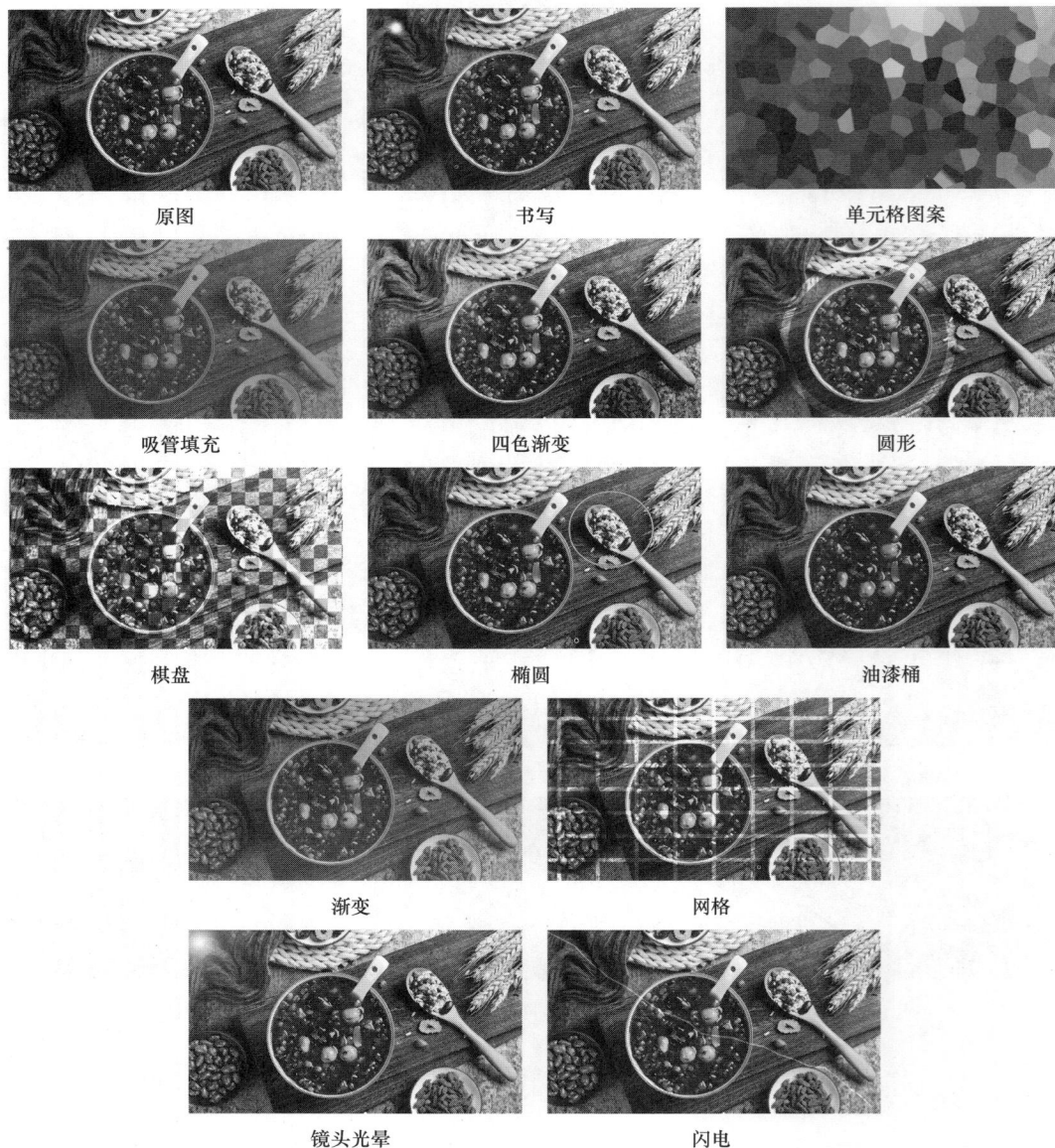

原图	书写	单元格图案
吸管填充	四色渐变	圆形
棋盘	椭圆	油漆桶
	渐变	网格
	镜头光晕	闪电

图 4-68

4.3.11 "视频"效果

"视频"效果用于对视频特性进行控制，共包含 4 种效果，如图 4-69 所示。使用不同的效果后，效果如图 4-70 所示。

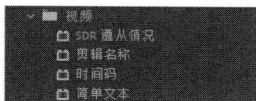

图 4-69

原图　　　　　　　　SDR 遵从情况　　　　　　　剪辑名称

时间码　　　　　　　　　　简单文本

图 4-70

4.3.12 "过渡"效果

"过渡"效果主要用于对两段素材进行过渡，该效果共包含 5 种类型，如图 4-71 所示。使用不同的效果后，效果如图 4-72 所示。

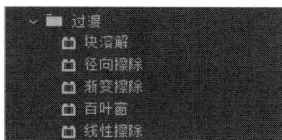

图 4-71

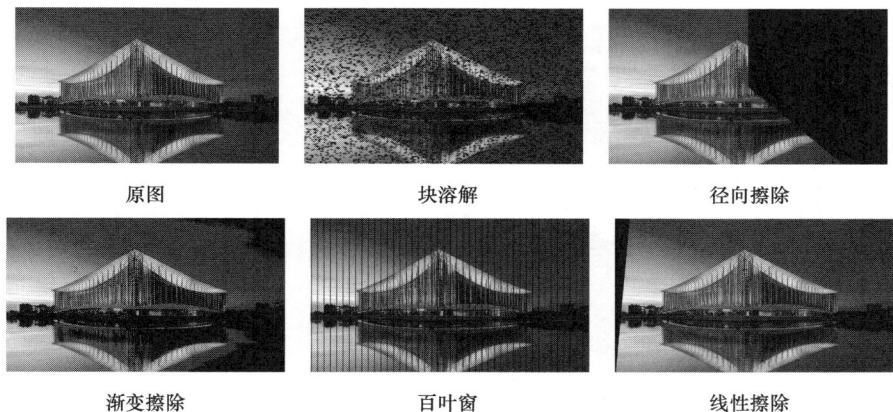

原图　　　　　　　　块溶解　　　　　　　径向擦除

渐变擦除　　　　　　百叶窗　　　　　　线性擦除

图 4-72

4.3.13 课堂案例——制作青春生活短视频的翻页转场

案例学习目标

学习使用"变换"效果、"残影"效果和"径向阴影"效果制作翻页转场。

案例知识要点

使用"导入"命令导入素材文件，使用入点和出点调整素材文件，使用"变换"效果和"嵌套"命令制作嵌套文件，使用"残影"效果、"径向阴影"效果和"效果控件"面板制作翻页转场，最终效果如图 4-73 所示。

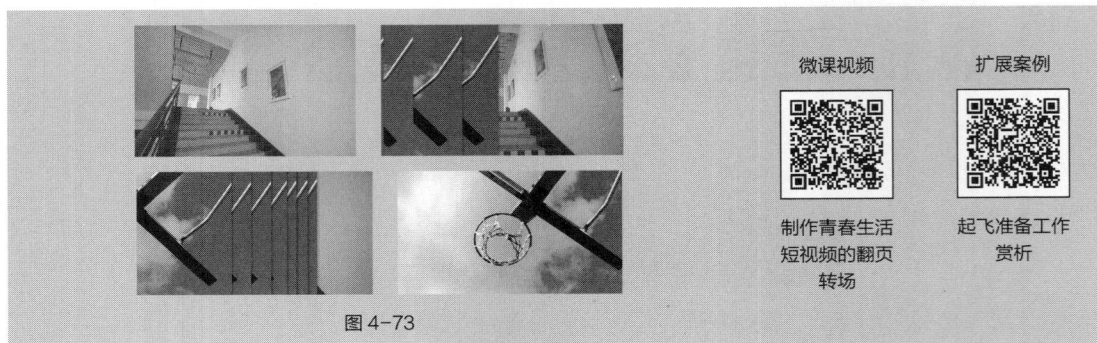

微课视频   扩展案例

制作青春生活   起飞准备工作
短视频的翻页   赏析
转场

图 4-73

效果文件所在位置

Ch04/制作青春生活短视频的翻页转场/制作青春生活短视频的翻页转场/制作青春生活短视频的翻页转场.prproj。

1．添加并调整素材

（1）启动 Premiere Pro 2021，选择"文件>新建>项目"命令，弹出"新建项目"对话框，如图 4-74 所示，单击"确定"按钮，新建项目。

（2）选择"文件>导入"命令，弹出"导入"对话框，选择云盘中的"Ch04/制作青春生活短视频的翻页转场/素材/01～03"文件，如图 4-75 所示，单击"打开"按钮，将素材文件导入"项目"面板中，如图 4-76 所示。双击"项目"面板中的"01"文件，在"源"窗口中打开"01"文件。将时间标签放置在 00:00:04:00 的位置，按 I 键，创建入点，如图 4-77 所示。

图 4-74

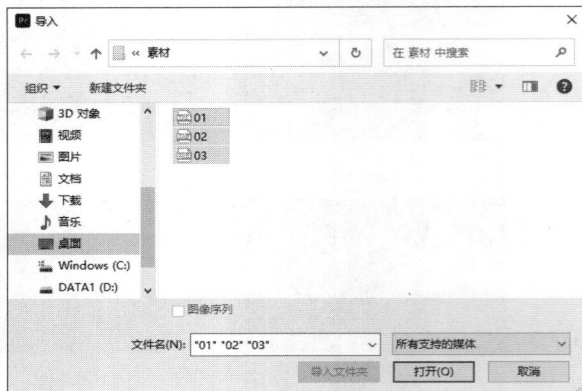

图 4-75

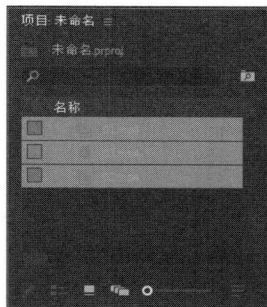

图 4-76

图 4-77

（3）将时间标签放置在 00:00:09:00 的位置，按 O 键，创建出点，如图 4-78 所示。选中"源"窗口中的"01"文件并将其拖曳到"时间轴"面板的"V1"轨道中，生成"01"序列，如图 4-79 所示。

图 4-78

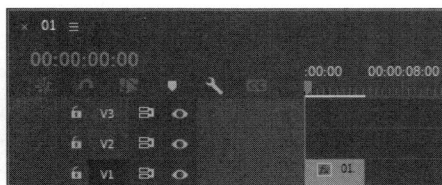

图 4-79

（4）双击"项目"面板中的"02"文件，在"源"窗口中打开"02"文件。将时间标签放置在 00:00:10:00 的位置，按 I 键，创建入点，如图 4-80 所示。将时间标签放置在 00:00:18:00 的位置，按 O 键，创建出点，如图 4-81 所示。

图 4-80

图 4-81

（5）将时间标签放置在 00：00：02：00 的位置，选中"源"窗口中的"02"文件并将其拖曳到"时间轴"面板的"V2"轨道中，如图 4-82 所示。选择"剃刀"工具 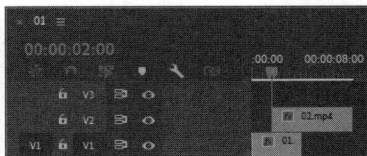，将鼠标指针移到"时间轴"面板中的"02"文件上，在"01"文件的结束位置单击，切割素材，如图 4-83 所示。

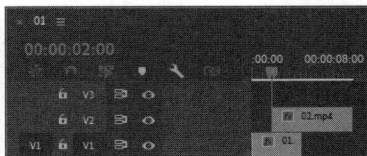

图 4-82 图 4-83

（6）选择"选择"工具 ，选择切割后的右侧的"02"文件，如图 4-84 所示。将其拖曳到"V1"轨道中，如图 4-85 所示。

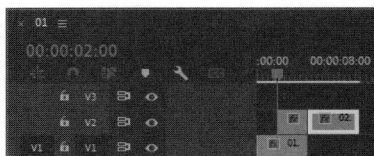

图 4-84 图 4-85

（7）双击"项目"面板中的"03"文件，在"源"窗口中打开"03"文件。将时间标签放置在 00：00：08：00 的位置，按 O 键，创建出点，如图 4-86 所示。将时间标签放置在 00：00：07：00 的位置，选中"源"窗口中的"03"文件并将其拖曳到"时间轴"面板的"V2"轨道中，如图 4-87 所示。

图 4-86 图 4-87

（8）选择"剃刀"工具 ，将鼠标指针移到"时间轴"面板中的"03"文件上，在"02"文件的结束位置单击，切割素材，如图 4-88 所示。选择"选择"工具 ，选择切割后的右侧的"03"文件，将其拖曳到"V1"轨道中，如图 4-89 所示。

图 4-88 图 4-89

2. 制作翻页转场

（1）将时间标签放置在 00:00:02:00 的位置。选择"效果"面板，展开"视频效果"，单击"扭曲"效果前面的▶按钮将其展开，选中"变换"效果，如图 4-90 所示。将"变换"效果拖曳到"时间轴"面板"V2"轨道中的"02"文件上，如图 4-91 所示。

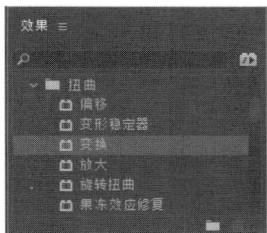

图 4-90

图 4-91

（2）选中"时间轴"面板中的"02"文件。选择"效果控件"面板，展开"变换"栏，将"锚点"设置为-960.0 和 540.0，单击"位置"选项左侧的"切换动画"按钮 ⏱，如图 4-92 所示，记录第 1 个动画关键帧。将时间标签放置在 00:00:05:00 的位置，将"位置"设置为 960.0 和 540.0，如图 4-93 所示，记录第 2 个动画关键帧。

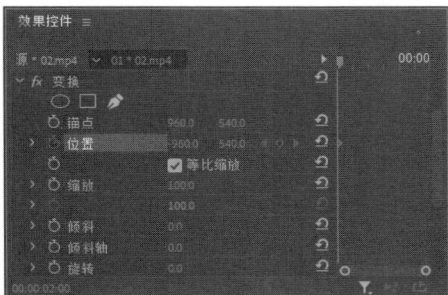

图 4-92

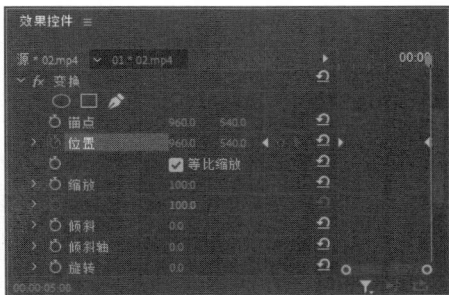

图 4-93

（3）选择右侧的关键帧，在关键帧上单击鼠标右键，在弹出的快捷菜单中选择"缓入"命令，效果如图 4-94 所示。单击左侧的▶按钮，展开选项，向左拖曳右侧的控制点，如图 4-95 所示。

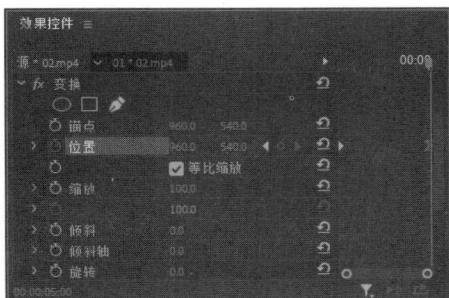

图 4-94

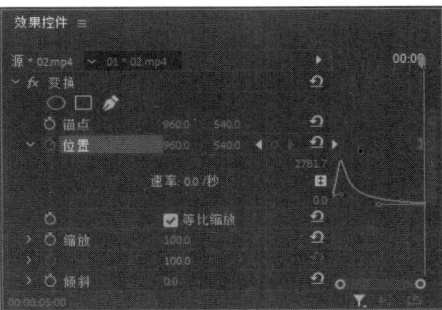

图 4-95

（4）在"时间轴"面板中的"02"文件单击鼠标右键，在弹出的快捷菜单中选择"嵌套"命令，弹出"嵌套序列名称"对话框，如图 4-96 所示，单击"确定"按钮，"时间轴"面板如图 4-97 所示。

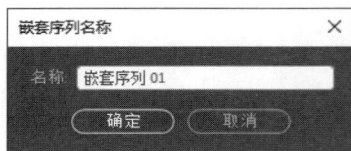

图 4-96　　　　　　　　　　　　图 4-97

（5）将时间标签放置在 00:00:02:00 的位置。选择"效果"面板，单击"时间"效果前面的 按钮将其展开，选中"残影"效果，如图 4-98 所示。将"残影"效果拖曳到"时间轴"面板"V2"轨道中的"嵌套序列 01"文件上，如图 4-99 所示。

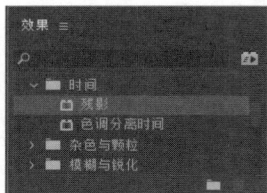

图 4-98　　　　　　　　　　　　图 4-99

（6）选择"效果控件"面板，展开"残影"栏，将"残影时间（秒）"设置为-0.200，将"残影数量"设置为 6，将"残影运算符"设置为"从后至前组合"，单击"残影时间（秒）"选项左侧的"切换动画"按钮 ，如图 4-100 所示，记录第 1 个动画关键帧。将时间标签放置在 00:00:05:00 的位置，将"残影时间（秒）"设置为 0，如图 4-101 所示，记录第 2 个动画关键帧。

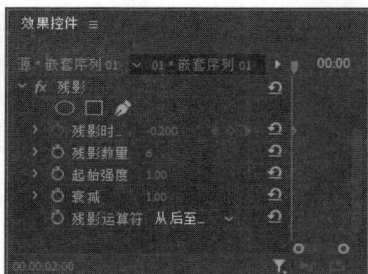

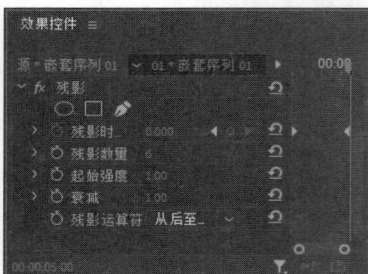

图 4-100　　　　　　　　　　　　图 4-101

（7）选择"效果"面板，单击"透视"效果前面的 按钮将其展开，选中"径向阴影"效果，如图 4-102 所示。将"径向阴影"效果拖曳到"时间轴"面板"V2"轨道中的"嵌套序列 01"文件上。选择"效果控件"面板，如图 4-103 所示，将"径向阴影"效果拖曳到"残影"效果的上方，如图 4-104 所示。

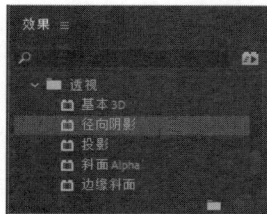

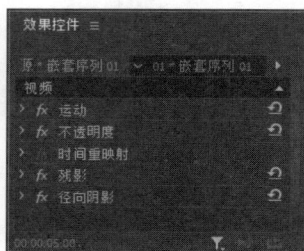

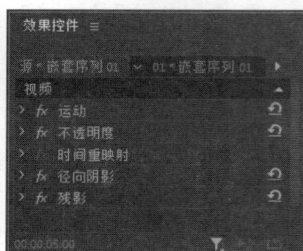

图 4-102　　　　　　　　　图 4-103　　　　　　　　　图 4-104

（8）展开"径向阴影"栏，将"投影距离"设置为1.0，将"柔和度"设置为50.0，如图 4-105 所示。用相同的方法制作"嵌套序列 02"，效果如图 4-106 所示。青春生活短视频的翻页转场制作完成。

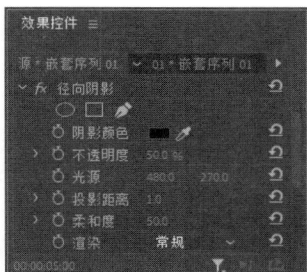

图 4-105　　　　　　　　　　　　　图 4-106

4.3.14　"透视"效果

"透视"效果主要用于制作三维透视效果，使素材产生立体感或空间感，该效果共包含 5 种效果，如图 4-107 所示。使用不同的效果后，效果如图 4-108 所示。

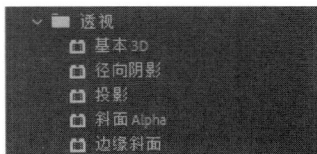

图 4-107

原图　　　　　　　　　　基本 3D　　　　　　　　径向阴影

投影　　　　　　　　　斜面 Alpha　　　　　　　边缘斜面

图 4-108

4.3.15　"通道"效果

"通道"效果可以对素材的通道进行处理，实现图像颜色、色调、饱和度和亮度等属性的改变，共包含 7 种效果，如图 4-109 所示。使用不同的效果后，效果如图 4-110 所示。

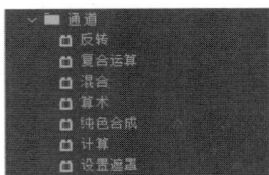

图 4-109

原图　　　　　　　　　反转　　　　　　　　　复合运算

混合　　　　　　　　　算术　　　　　　　　　纯色合成

计算　　　　　　　　　设置遮罩

图 4-110

4.3.16 "风格化"效果

"风格化"效果主要用于模拟一些美术风格，实现丰富的画面效果，该效果包含 13 种效果，如图 4-111 所示。使用不同的效果后，效果如图 4-112 所示。

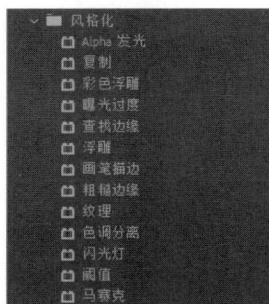

图 4-111

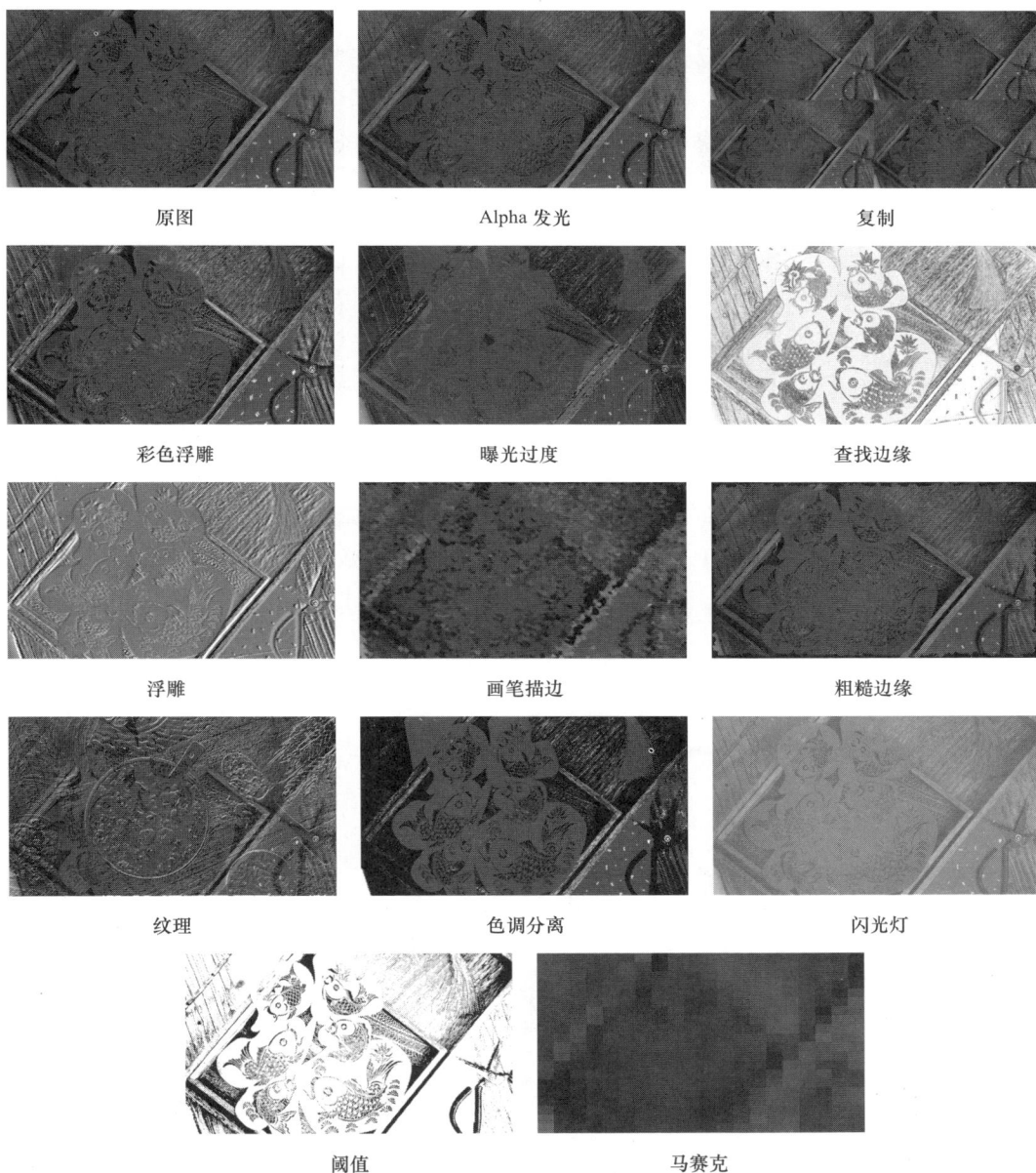

原图   Alpha 发光   复制

彩色浮雕   曝光过度   查找边缘

浮雕   画笔描边   粗糙边缘

纹理   色调分离   闪光灯

阈值   马赛克

图 4-112

4.3.17 "预设"效果

1."模糊"效果

"预设"效果中的"模糊"效果主要通过使用预设为影片素材的入点或出点制作画面的快速模糊效果，共包含两种效果，如图 4-113 所示。使用不同的效果后，效果如图 4-114 所示。

图 4-113

快速模糊入点

快速模糊出点
图 4-114

2. "画中画"效果

"预设"效果中的"画中画"效果主要通过使用预设为影片素材制作画面的位置和比例缩放效果，共包含 38 种效果，如图 4-115 所示。使用不同的部分效果后，效果如图 4-116 所示。

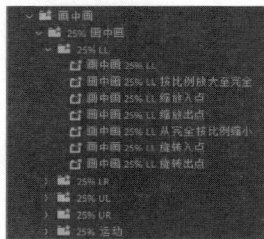

图 4-115

画中画 25%LL 按比例放大至完全

画中画 25%UR 旋转入点

画中画 25%LR 至 LL
图 4-116

3."马赛克"效果

"预设"效果中的"马赛克"效果主要通过使用预设为影片素材的入点或出点制作马赛克画面效果，共包含两种效果，如图 4-117 所示。使用不同的效果后，效果如图 4-118 所示。

图 4-117

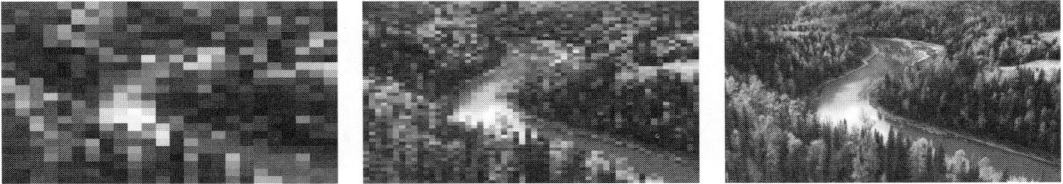

马赛克入点

马赛克出点

图 4-118

4."扭曲"效果

"预设"效果中的"扭曲"效果主要通过使用预设为影片素材的入点或出点制作扭曲画面效果，共包含两种效果，如图 4-119 所示。使用不同的效果后，效果如图 4-120 所示。

图 4-119

扭曲入点

扭曲出点

图 4-120

5．"卷积内核"效果

"预设"效果中的"卷积内核"效果主要通过运算改变影片素材中每个像素的颜色和亮度值，从而改变图像的质感，共包含 10 种效果，如图 4-121 所示。使用不同的效果后，效果如图 4-122 所示。

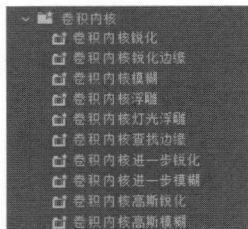

图 4-121

原图　　　　　　　　　　卷积内核锐化　　　　　　　　卷积内核锐化边缘

卷积内核模糊　　　　　　卷积内核浮雕　　　　　　　卷积内核灯光浮雕

卷积内核查找边缘　　　卷积内核进一步锐化　　　卷积内核进一步模糊

卷积内核高斯锐化　　　　　卷积内核高斯模糊

图 4-122

6．"去除镜头扭曲"效果

"预设"效果中的"去除镜头扭曲"效果主要用于对影片素材去除预设的镜头扭曲，共包含 62 种效果，如图 4-123 所示。使用不同的部分效果后，效果如图 4-124 所示。

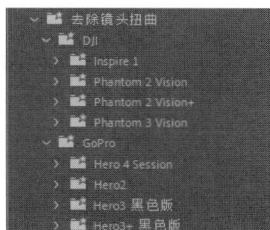

图 4-123

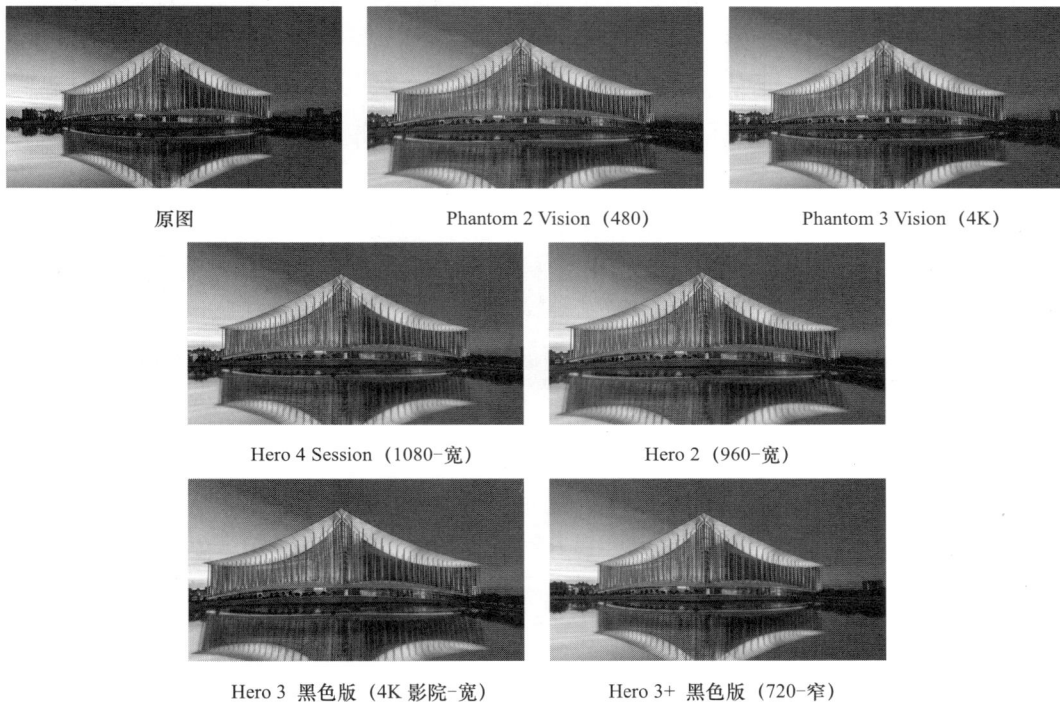

原图 　　　　Phantom 2 Vision（480）　　　　Phantom 3 Vision（4K）

Hero 4 Session（1080-宽）　　　　Hero 2（960-宽）

Hero 3 黑色版（4K 影院-宽）　　　　Hero 3+ 黑色版（720-窄）

图 4-124

7."斜角边"效果

"预设"效果中的"斜角边"效果主要通过使用预设为影片素材制作斜角边画面效果，共包含两种效果，如图 4-125 所示。使用不同的效果后，效果如图 4-126 所示。

图 4-125

原图 　　　　　　厚斜角边 　　　　　　薄斜角边

图 4-126

8. "过度曝光" 效果

"预设"效果中的"过度曝光"效果主要通过使用预设为影片素材制作画面的过度曝光效果，共包含两种效果，如图 4-127 所示。使用不同的效果后，效果如图 4-128 所示。

图 4-127

过度曝光入点

过度曝光出点

图 4-128

课堂练习——制作武汉城市形象宣传片的梦幻效果

练习知识要点

使用"导入"命令导入素材文件，使用入点和出点调整素材文件，使用"高斯模糊"效果和"效果控件"面板制作梦幻效果，最终效果如图 4-129 所示。

微课视频

制作武汉城市
形象宣传片的
梦幻效果

图 4-129

效果文件所在位置

Ch04/制作武汉城市形象宣传片的梦幻效果/制作武汉城市形象宣传片的梦幻效果. prproj。

课后习题——制作平遥古城城市形象宣传片的旋转转场

习题知识要点

使用"导入"命令导入素材文件，使用入点和出点调整素材文件，使用"变换"效果和"效果控件"面板制作旋转转场，最终效果如图 4-130 所示。

微课视频

制作平遥古城
城市形象宣传片
的旋转转场

图 4-130

效果文件所在位置

Ch04/制作平遥古城城市形象宣传片的旋转转场/制作平遥古城城市形象宣传片的旋转转场. prproj。

05

第 5 章
调色、合成与键控

本章主要讲解在 Premiere Pro 2021 中进行素材调色、合成与键控的基础设置方法。调色、合成与键控属于剪辑中较高级的应用，它们可以使影片通过剪辑产生更好的画面合成效果。通过学习本章案例，读者可以加强对相关知识的理解，掌握 Premiere Pro 2021 的调色、合成与键控技术。

学习目标

✧　熟练掌握视频调色技术。
✧　掌握合成与键控技术。

技能目标

✧　掌握古风短视频的绘画效果的制作方法。
✧　掌握影视效果短视频的怀旧效果的制作方法。
✧　掌握风景短视频的画面颜色的调整方法。
✧　掌握唯美古风短视频中的人物的抠取方法。
✧　掌握抠取折纸素材并合成到栏目片头的方法。

素养目标

✧　培养敏锐感知素材的构图、色彩和细节的能力。
✧　培养准确地抠图和处理各种细节的能力。
✧　培养良好的手眼协调能力。

5.1 视频调色技术

在 Premiere Pro 2021 "效果"面板中，包含一些专门用于改变图像亮度、对比度和颜色的效果，这些效果集中于"视频效果"中，它们分别为"图像控制""调整""过时""颜色校正""Lumetri 预设"。下面分别进行详细讲解。

5.1.1 课堂案例——制作古风短视频的绘画效果

案例学习目标

使用多个效果制作视频的绘画效果。

案例知识要点

使用"导入"命令导入视频文件，使用"查找边缘"效果、"色阶"效果、"自动颜色"效果和"色彩"效果制作绘画效果，使用"效果控件"面板和"高斯模糊"效果制作文字效果，最终效果如图 5-1 所示。

图 5-1

效果文件所在位置

Ch05/制作古风短视频的绘画效果/制作古风短视频的绘画效果. prproj。

（1）启动 Premiere Pro 2021，选择"文件>新建>项目"命令，弹出"新建项目"对话框，如图 5-2 所示，单击"确定"按钮，新建项目。选择"文件>新建>序列"命令，弹出"新建序列"对话框，单击"设置"选项卡，设置如图 5-3 所示，单击"确定"按钮，新建序列。

（2）选择"文件>导入"命令，弹出"导入"对话框，选择云盘中的"Ch05/制作古风短视频的绘画效果/素材/01 和 02"文件，如图 5-4 所示，单击"打开"按钮，将素材文件导入"项目"面板中，如图 5-5 所示。

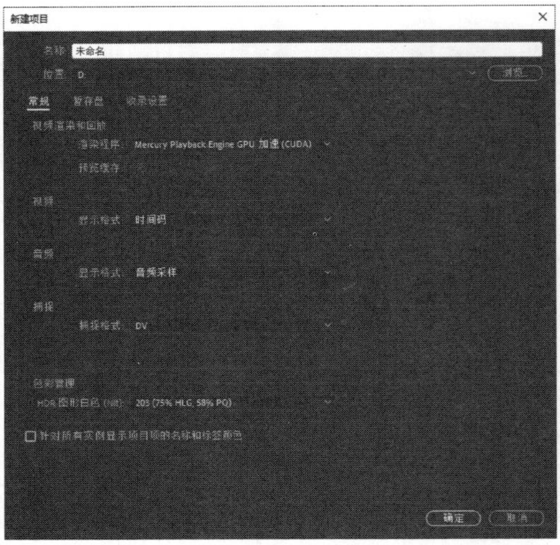

图 5-2

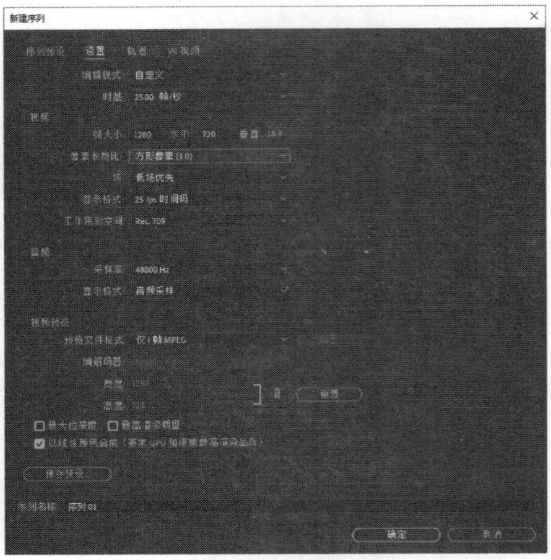

图 5-3

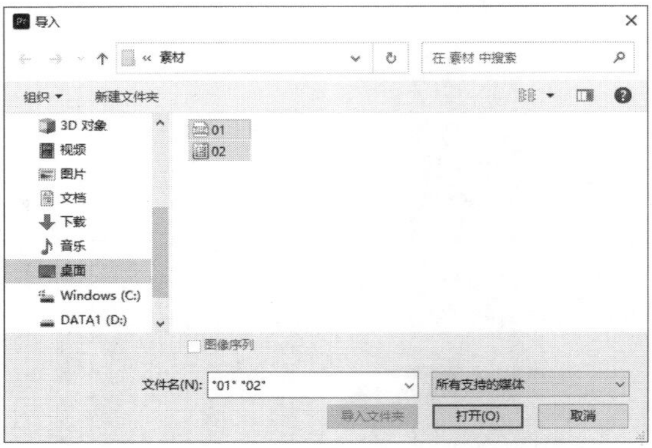

图 5-4

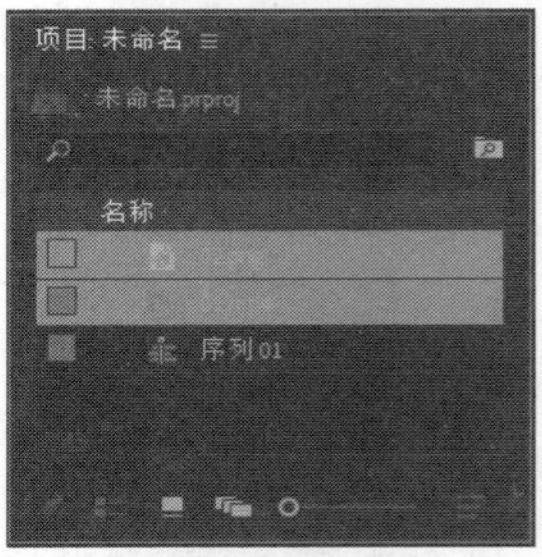

图 5-5

（3）在"项目"面板中，选中"01"文件并将其拖曳到"时间轴"面板中的"V1"轨道中，弹出"剪辑不匹配警告"对话框，单击"保持现有设置"按钮，在保持现有序列设置的情况下将"01"文件放置在"V1"轨道中，如图 5-6 所示。

（4）在"V1"轨道中的"01"文件上单击鼠标右键，在弹出的快捷菜单中选择"取消链接"命令，取消视音频链接。选中"A1"轨道中的文件，按 Delete 键删除音频，效果如图 5-7 所示。

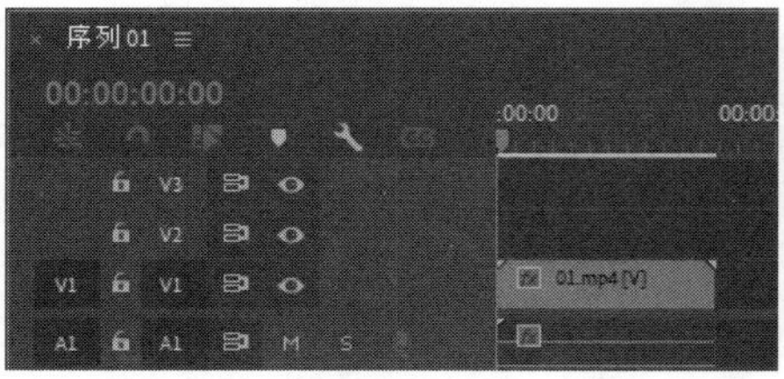

图 5-6

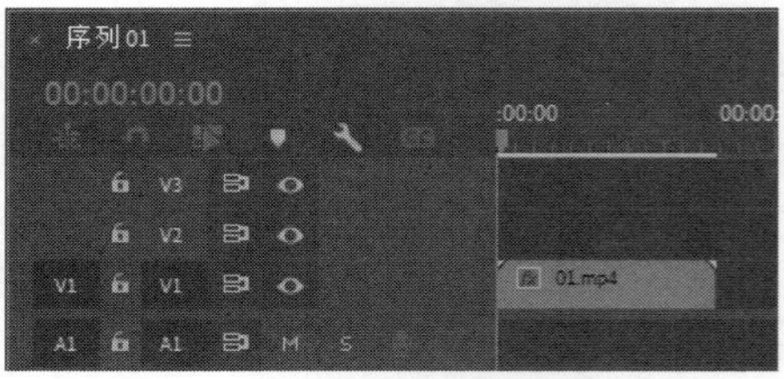

图 5-7

（5）选择"效果"面板，展开"视频效果"，单击"风格化"效果前面的 按钮将其展开，选中"查找边缘"效果，如图 5-8 所示。将"查找边缘"效果拖曳到"时间轴"面板中的"01"文件上。

（6）选择"效果控件"面板，展开"查找边缘"栏，单击"与原始图像混合"选项左侧的"切换动画"按钮 🕐，如图 5-9 所示，记录第 1 个动画关键帧。将时间标签放置在 00:00:01:00 的位置，将"与原始图像混合"设置为 100%，如图 5-10 所示，记录第 2 个动画关键帧。

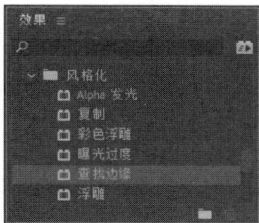
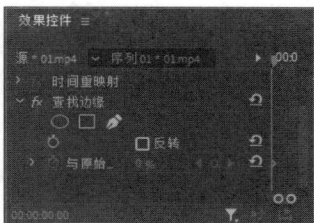
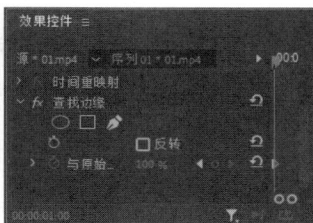

图 5-8　　　　　　　　　　　　图 5-9　　　　　　　　　　　　图 5-10

（7）选择"效果"面板，展开"视频效果"，单击"调整"效果前面的 ❯ 按钮将其展开，选中"色阶"效果，如图 5-11 所示。将"色阶"效果拖曳到"时间轴"面板中的"01"文件上。在"效果控件"面板中，展开"色阶"栏，将"（RGB）输入黑色阶"设置为 15，其他设置如图 5-12 所示。

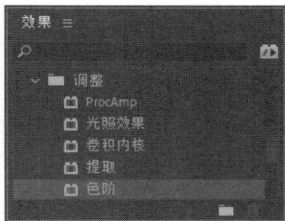

图 5-11　　　　　　　　　　　　　　图 5-12

（8）选择"效果"面板，展开"视频效果"，单击"过时"效果前面的 ❯ 按钮将其展开，选中"自动颜色"效果，如图 5-13 所示。将"自动颜色"效果拖曳到"时间轴"面板中的"01"文件上。

（9）将时间标签放置在 00:00:00:00 的位置。选择"效果"面板，展开"视频效果"，单击"颜色校正"效果前面的 ❯ 按钮将其展开，选中"色彩"效果，如图 5-14 所示。将"色彩"效果拖曳到"时间轴"面板中的"01"文件上。

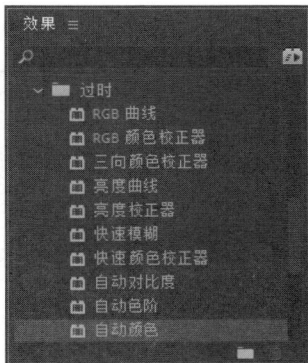
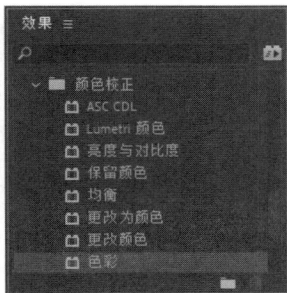

图 5-13　　　　　　　　　　　　　　图 5-14

（10）选择"效果控件"面板，展开"色彩"栏，单击"着色量"选项左侧的"切换动画"按钮 🕐，如图 5-15 所示，记录第 1 个动画关键帧。将时间标签放置在 00:00:01:00 的位置，将"着色量"设置为 0.0%，如图 5-16 所示，记录第 2 个动画关键帧。

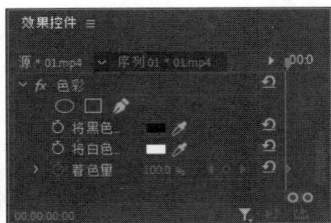
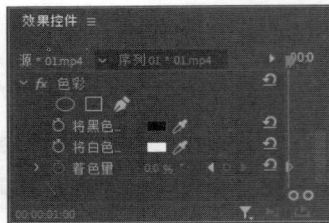

图 5-15   图 5-16

（11）在"项目"面板中，选中"02"文件并将其拖曳到"时间轴"面板的"V2"轨道中，如图 5-17 所示。选择"时间轴"面板中的"02"文件。选择"效果控件"面板，展开"运动"栏，将"位置"设置为 933.0 和 360.0，如图 5-18 所示。

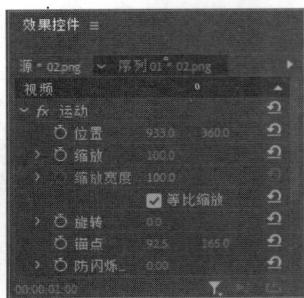

图 5-17   图 5-18

（12）选择"效果"面板，展开"视频效果"，单击"模糊与锐化"效果前面的▶按钮将其展开，选中"高斯模糊"效果，如图 5-19 所示。将"高斯模糊"效果拖曳到"时间轴"面板中的"02"文件上。

（13）选择"效果控件"面板，展开"高斯模糊"栏，将"模糊度"设置为 300.0，单击"模糊度"选项左侧的"切换动画"按钮🕐，如图 5-20 所示，记录第 1 个动画关键帧。将时间标签放置在 00:00:01:10 的位置，将"模糊度"设置为 0.0，如图 5-21 所示，记录第 2 个动画关键帧。古风短视频的绘画效果制作完成。

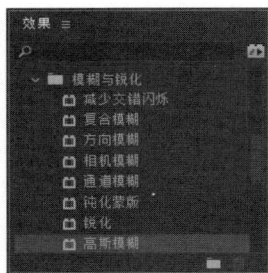

图 5-19   图 5-20   图 5-21

5.1.2 "图像控制"效果

"图像控制"效果的主要用途是对素材的色彩进行处理，它被广泛应用于视频编辑中，可以处理一些前期拍摄中所遗留下的缺陷，或使素材达到某种预想的效果。"图像控制"是一组重要的视频效果，它包含 5 种效果，如图 5-22 所示。使用不同的效果后，效果如图 5-23 所示。

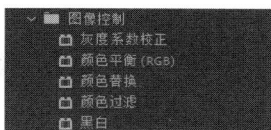
图 5-22

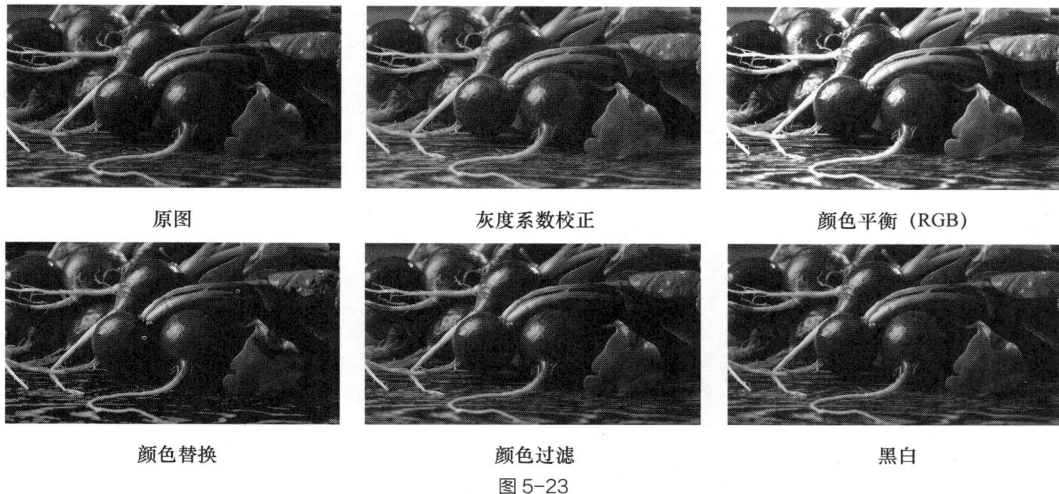

原图	灰度系数校正	颜色平衡（RGB）
颜色替换	颜色过滤	黑白

图 5-23

5.1.3 课堂案例——制作影视效果短视频的怀旧效果

案例学习目标

使用多个效果制作怀旧效果。

案例知识要点

使用"导入"命令导入视频文件，使用"ProcAmp"和"颜色平衡"效果调整图像，使用"DE_AgedFilm"外部效果制作怀旧效果，最终效果如图 5-24 所示。

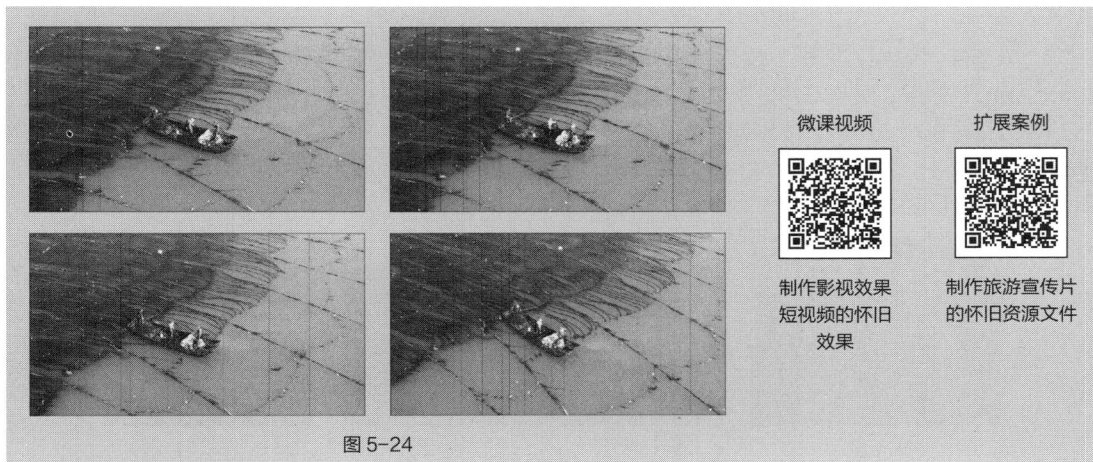

微课视频

扩展案例

制作影视效果
短视频的怀旧
效果

制作旅游宣传片
的怀旧资源文件

图 5-24

◉ 效果文件所在位置

Ch05/制作影视效果短视频的怀旧效果/制作影视效果短视频的怀旧效果. prproj。

（1）启动 Premiere Pro 2021，选择"文件>新建>项目"命令，弹出"新建项目"对话框，如图 5-25 所示，单击"确定"按钮，新建项目。

（2）选择"文件>导入"命令，弹出"导入"对话框，选择云盘中的"Ch05/制作影视效果短视频的怀旧效果/素材/01"文件，如图 5-26 所示，单击"打开"按钮，将素材文件导入"项目"面板中，如图 5-27 所示。选择"项目"面板中的"01"文件，并将其拖曳到"时间轴"面板的"V1"轨道中，生成"01"序列，如图 5-28 所示。

图 5-25

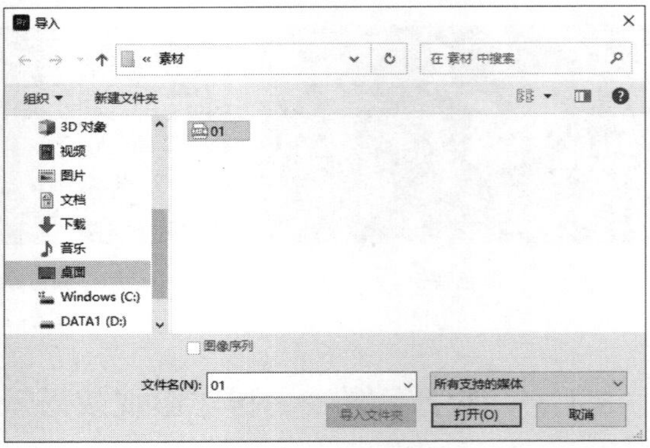

图 5-26

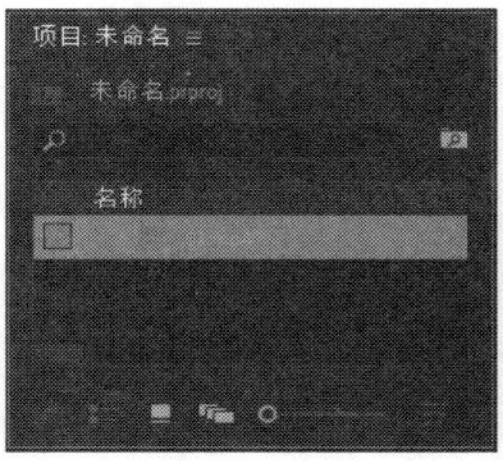

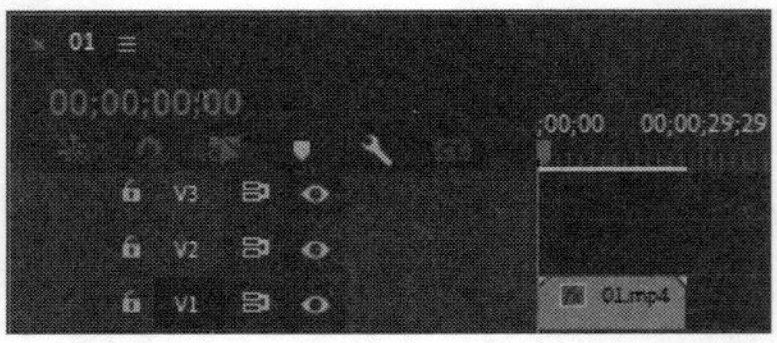

图 5-27

图 5-28

（3）选择"效果"面板，展开"视频效果"，单击"调整"效果前面的▶按钮将其展开，选中"ProcAmp"效果，如图 5-29 所示。

（4）将"ProcAmp"效果拖曳到"时间轴"面板中的"01"文件上，如图 5-30 所示。在"效果控件"面板中，展开"ProcAmp"栏，将"对比度"设置为 115.0，将"饱和度"设置为 50.0，如图 5-31 所示。

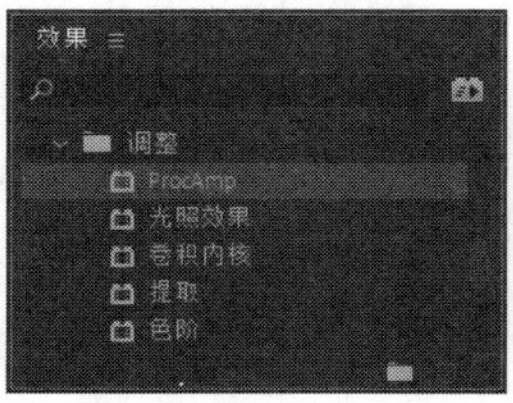

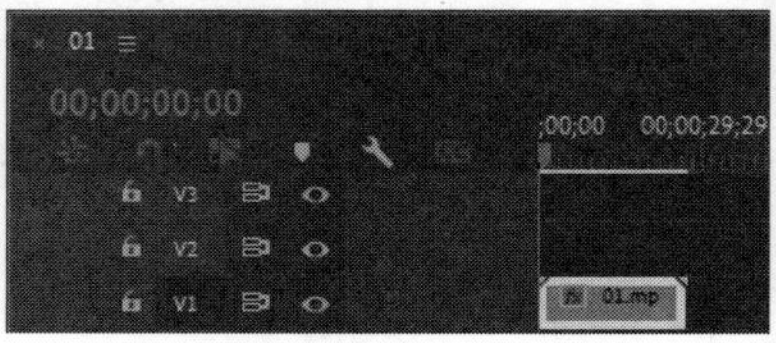

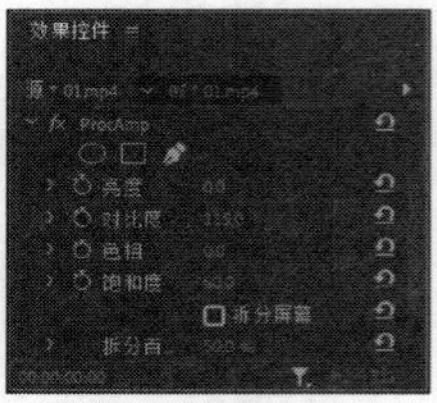

图 5-29

图 5-30

图 5-31

（5）选择"效果"面板，单击"颜色校正"效果前面的▶按钮将其展开，选中"颜色平衡"效果，如图 5-32 所示。将"颜色平衡"效果拖曳到"时间轴"面板中的"01"文件上。选择"效果控件"面板，展开"颜色平衡"栏并进行参数设置，如图 5-33 所示。

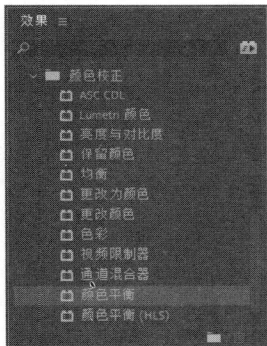
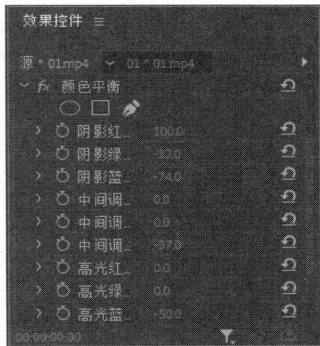

图 5-32　　　　　　　　　　　　　　图 5-33

（6）选择"效果"面板，单击"Digieffects Damage v2.5"效果前面的▶按钮将其展开，选中"DE_AgedFilm"效果，如图 5-34 所示。将"DE_AgedFilm" 效果拖曳到"时间轴"面板中的"01"文件上。

（7）在"效果控件"面板中展开"DE_AgedFilm"栏并进行参数设置，如图 5-35 所示。影视效果短视频的怀旧效果制作完成。

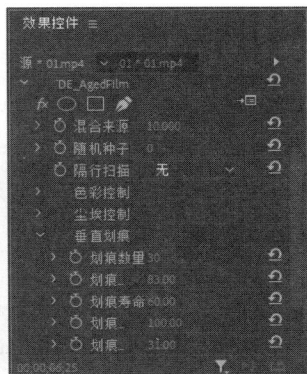

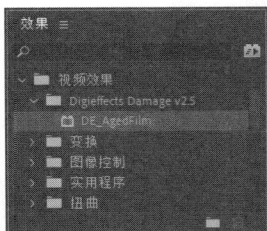

图 5-34　　　　　　　　　　　　　　图 5-35

5.1.4　"调整"效果

"调整"效果可以调整素材文件的明暗度，并添加光照效果，共包含 5 个视频效果，如图 5-36 所示。使用不同的效果后，效果如图 5-37 所示。

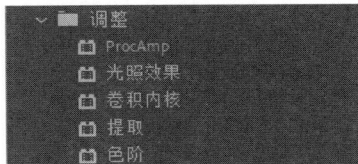

图 5-36

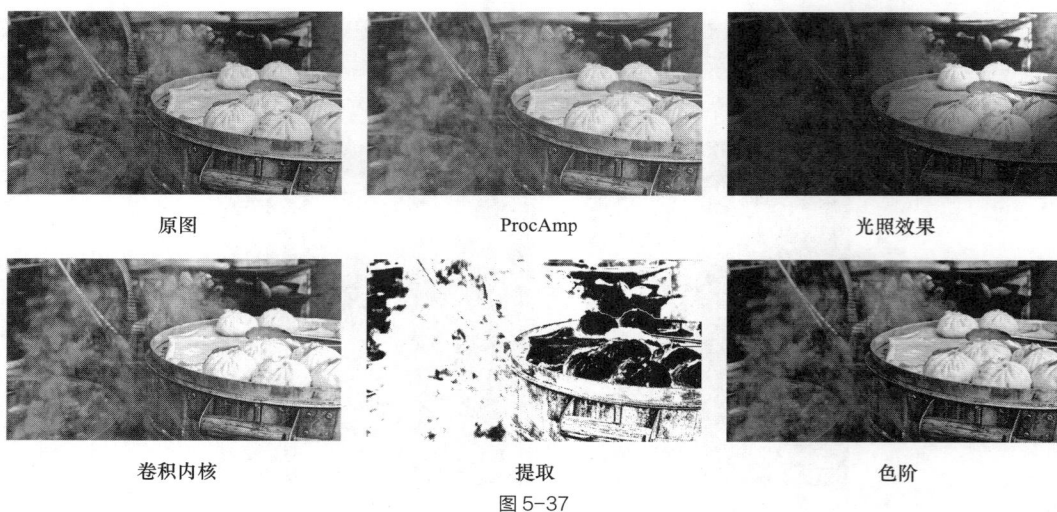

原图	ProcAmp	光照效果
卷积内核	提取	色阶

图 5-37

5.1.5　"过时"效果

　　"过时"效果用于对视频进行颜色分级与校正，共包含 12 种效果，如图 5-38 所示。使用不同的效果后，效果如图 5-39 所示。

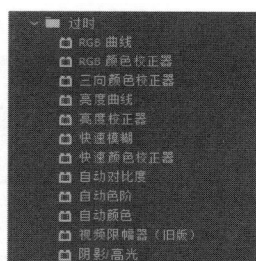

图 5-38

原图	RGB 曲线	RGB 颜色校正器
三向颜色校正器	亮度曲线	亮度校正器

图 5-39

快速模糊　　　　　　　　　　快速颜色校正器　　　　　　　　　自动对比度

自动色阶　　　　　　　　　　　　　自动颜色

视频限幅器（旧版）　　　　　　　　阴影/高光

图 5-39（续）

5.1.6　课堂案例——调整风景短视频的画面颜色

案例学习目标

使用"Lumetri 颜色"效果调整画面颜色。

案例知识要点

使用"导入"命令导入视频文件，使用"Lumetri 颜色"效果和"效果控件"面板调整视频的画面颜色，使用"交叉溶解"效果添加视频间的过渡，最终效果如图 5-40 所示。

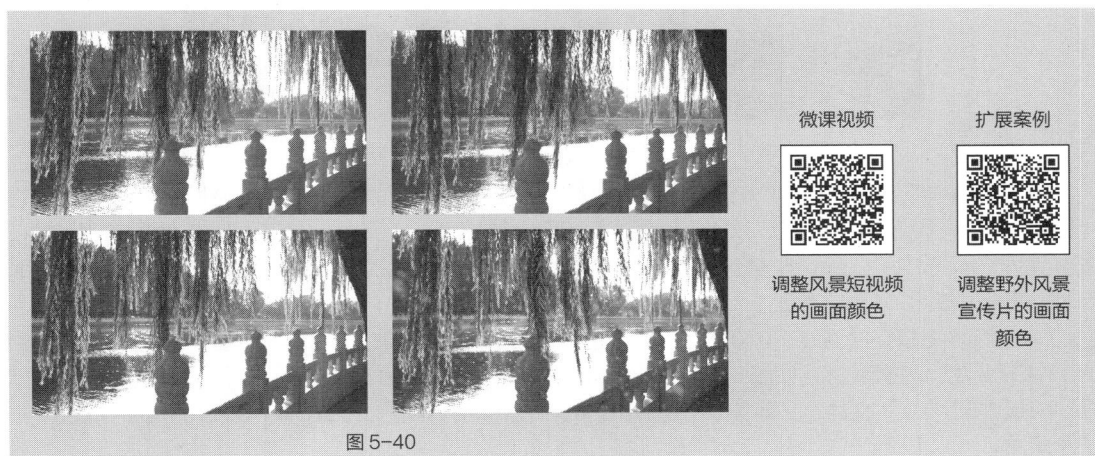

微课视频　　　　　　　扩展案例

调整风景短视频　　　调整野外风景
的画面颜色　　　　　宣传片的画面
　　　　　　　　　　　颜色

图 5-40

◉ 效果文件所在位置

Ch05/调整风景短视频的画面颜色/调整风景短视频的画面颜色. prproj。

（1）启动 Premiere Pro 2021，选择"文件>新建>项目"命令，弹出"新建项目"对话框，如图 5-41 所示，单击"确定"按钮，新建项目。

（2）选择"文件>导入"命令，弹出"导入"对话框，选择云盘中的"Ch05/调整风景短视频的画面颜色/素材/01 和 02"文件，如图 5-42 所示，单击"打开"按钮，将素材文件导入"项目"面板中，如图 5-43 所示。双击"项目"面板中的"01"文件，在"源"窗口中打开"01"文件。将时间标签放置在 00:00:20:00 的位置，按 O 键，创建出点，如图 5-44 所示。

图 5-41

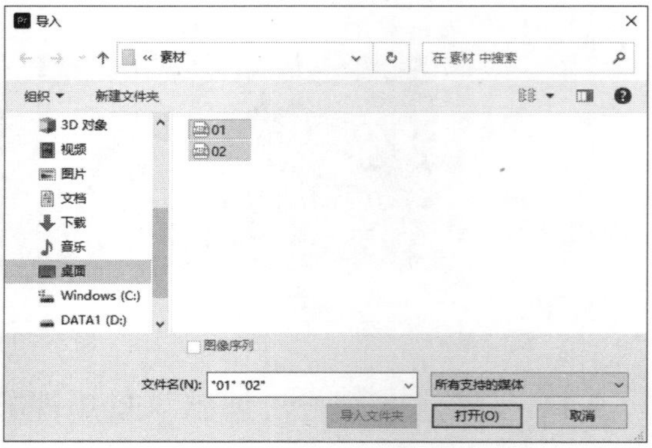

图 5-42

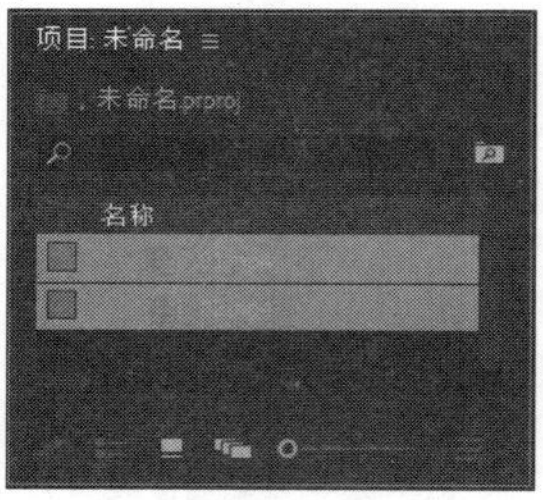

图 5-43

图 5-44

（3）选中"源"窗口中的"01"文件并将其拖曳到"时间轴"面板的"V1"轨道中，生成"01"序列，如图 5-45 所示。选择"效果"面板，展开"视频效果"，单击"颜色校正"效果前面的▶按钮将其展开，选中"Lumetri 颜色"效果，如图 5-46 所示。将"Lumetri 颜色"效果拖曳到"时间轴"面板中的"01"文件上。

（4）将时间标签放置在 00:00:05:00 的位置，选择"剃刀"工具▣，单击"时间轴"面板中的"01"文件，切割素材，如图 5-47 所示。将时间标签放置在 00:00:10:00 的位置，单击"时间轴"面板中的"01"文件，切割素材，如图 5-48 所示。用相同的方法在 00:00:15:00 的位置单击切割素材。

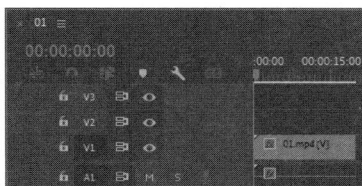
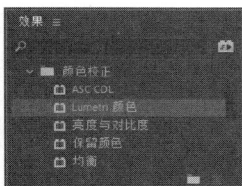

图 5-45　　　　　　　　　　　　图 5-46

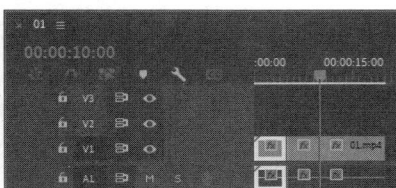

图 5-47　　　　　　　　　　　　图 5-48

（5）将时间标签放置在 00:00:00:00 的位置。选择"选择"工具 ，选择"时间轴"面板中的第 1 个"01"文件。在"效果控件"面板中，展开"Lumetri 颜色"栏，设置如图 5-49 所示，调整"曲线/色相饱和度曲线/色相与色相"选项中的曲线，效果如图 5-50 所示。

（6）将时间标签放置在 00:00:05:00 的位置。选择"时间轴"面板中的第 2 个"01"文件。在"效果控件"面板中，展开"Lumetri 颜色"栏，调整"曲线/色相饱和度曲线/色相与色相"选项中的曲线，效果如图 5-51 所示。

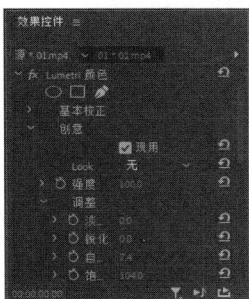
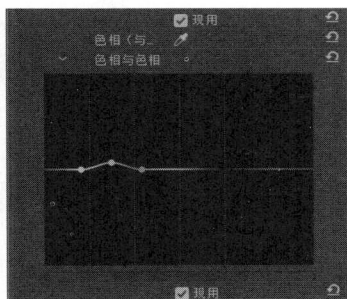
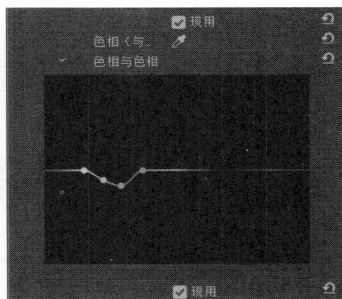

图 5-49　　　　　　　　　图 5-50　　　　　　　　　图 5-51

（7）将时间标签放置在 00:00:10:00 的位置。选择"时间轴"面板中的第 3 个"01"文件。在"效果控件"面板中，展开"Lumetri 颜色"栏，调整"曲线/色相饱和度曲线/色相与饱和度"选项中的曲线，效果如图 5-52 所示，调整"曲线/色相饱和度曲线/色相与色相"选项中的曲线，如图 5-53 所示。

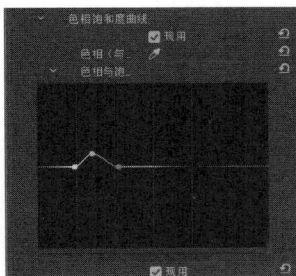
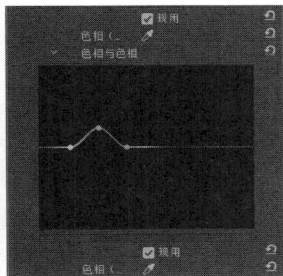

图 5-52　　　　　　　　　　　　图 5-53

（8）将时间标签放置在 00:00:15:00 的位置。选择"时间轴"面板中的第 4 个"01"文件。在"效果控件"面板中，展开"Lumetri 颜色"栏，设置如图 5-54 所示，调整"曲线/色相饱和度曲线/色相与饱和度"选项中的曲线，效果如图 5-55 所示，调整"曲线/色相饱和度曲线/色相与色相"选项中的曲线，效果如图 5-56 所示。

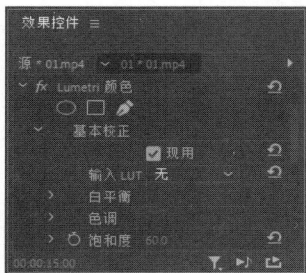

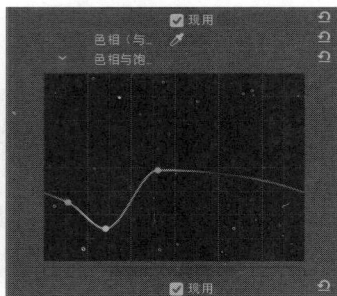

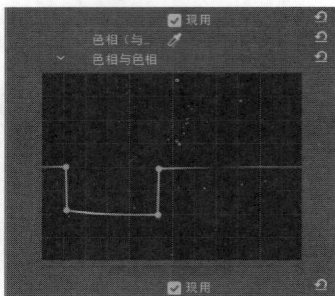

图 5-54   图 5-55   图 5-56

（9）选择"项目"面板中的"02"文件，并将其拖曳到"时间轴"面板的"V2"轨道中，如图 5-57 所示。在"02"文件上单击鼠标右键，在弹出的快捷菜单中选择"速度/持续时间"命令，弹出"剪辑速度/持续时间"对话框，设置如图 5-58 所示，单击"确定"按钮。

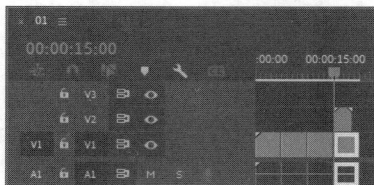

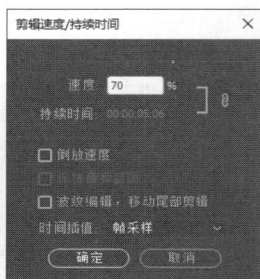

图 5-57   图 5-58

（10）将鼠标指针放在"02"文件的结束位置单击，显示编辑点。当鼠标指针呈 形状时，向左拖曳到"01"文件的结束位置，如图 5-59 所示。选择"时间轴"面板中的"02"文件。选择"效果控件"面板，展开"运动"栏，将"缩放"设置为 150.0。展开"不透明度"栏，将"混合模式"设置为"滤色"，将"不透明度"设置为 70.0%，如图 5-60 所示。

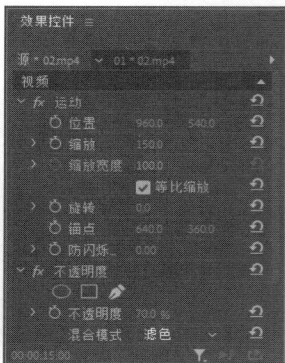

图 5-59   图 5-60

（11）选择"效果"面板，展开"视频过渡"，单击"溶解"效果前面的 ▶ 按钮将其展开，选中"交叉溶解"效果，如图 5-61 所示。将"交叉溶解"效果拖曳到"时间轴"面板"V1"轨道中的第 1 个"01"文件的结束位置和第 2 个"01"文件的开始位置。

（12）选择"时间轴"面板中的"交叉溶解"效果。选择"效果控件"面板，将"持续时间"设置为 00:00:02:00，如图 5-62 所示。用相同的方法在其他位置添加并调整"交叉溶解"效果，效果如图 5-63 所示。风景短视频的画面颜色调整完成。

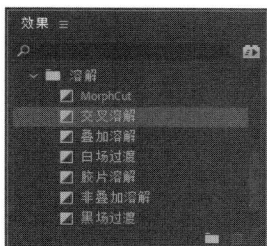
图 5-61

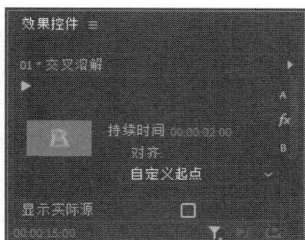
图 5-62

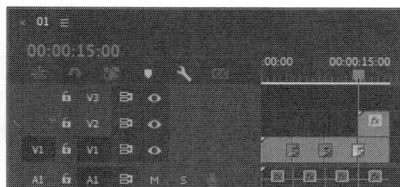
图 5-63

5.1.7 "颜色校正"效果

"颜色校正"效果主要用于对视频素材进行颜色校正，该效果包含 12 种效果，如图 5-64 所示。使用不同的效果后，效果如图 5-65 所示。

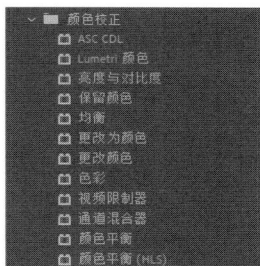
图 5-64

原图

ASC CDL

Lumetri 颜色

亮度与对比度

保留颜色

均衡

图 5-65

更改为颜色　　　　　　　　　更改颜色　　　　　　　　　色彩

视频限制器　　　　　　　　　通道混合器

颜色平衡　　　　　　　　　颜色平衡（HLS）

图 5-65（续）

5.1.8　"Lumetri 预设"效果

"Lumetri 预设"效果主要用于对视频素材进行预设的颜色调整，该效果包含 5 个大类。

1.　"Filmstocks"效果

在"Filmstocks"效果中，共包含 5 种效果，如图 5-66 所示。使用不同的效果后，效果如图 5-67 所示。

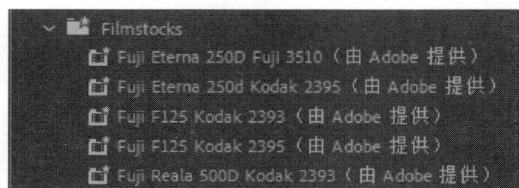

图 5-66

原图　　　　　　　Fuji Eterna 250D Fuji 3510（由 Adobe 提供）

图 5-67

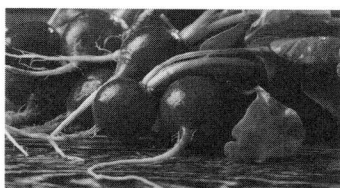
Fuji Eterna 250d Kodak 2395（由 Adobe 提供）

Fuji F125 Kodak 2393（由 Adobe 提供）

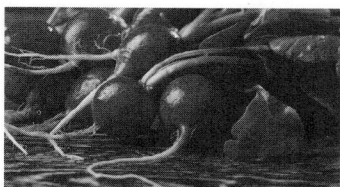
Fuji F125 Kodak 2395（由 Adobe 提供）

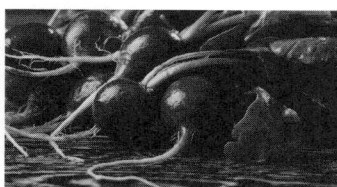
Fuji Reala 500D Kodak 2393（由 Adobe 提供）

图 5-67（续）

2. "影片"效果

在"影片"效果中，共包含 7 种效果，如图 5-68 所示。使用不同的效果后，效果如图 5-69 所示。

图 5-68

原图

2 Strip

Cinespace 100

Cinespace 100 淡化胶片

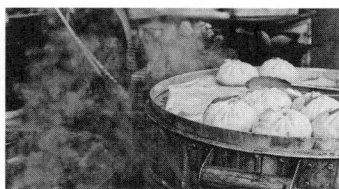
Cinespace 25

Cinespace 25 淡化胶片

Cinespace 50

Cinespace 50 淡化胶片

图 5-69

3. "SpeedLooks" 效果

在"SpeedLooks"效果中共包含几百种效果，如图 5-70 所示。使用部分效果后，效果如图 5-71 所示。

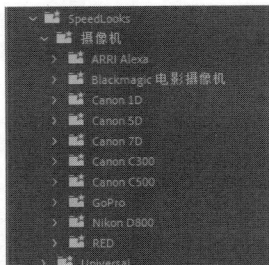

图 5-70

原图   SL 清楚出拳 NDR（Arri Alexa）

SL 冰蓝（Arri Alexa）   SL 亮蓝（BMC ProRes）   SL 复古棕色（Canon 1D）

SL 淘金 LDR（Canon 7D）   SL Noir 红波（RED-REDLOGFILM）   SL 冷蓝（Universal）

图 5-71

4. "单色" 效果

在"单色"效果中，共包含 7 种效果，如图 5-72 所示。使用不同的效果后，效果如图 5-73 所示。

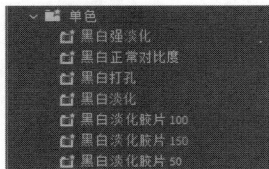

图 5-72

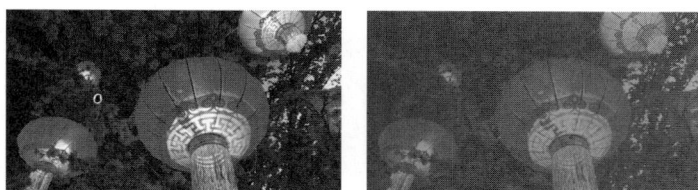

原图   黑白强淡化

黑白正常对比度   黑白打孔   黑白淡化

黑白淡化胶片 100   黑白淡化胶片 150   黑白淡化胶片 50

图 5-73

5. "技术"效果

在"技术"效果中，共包含 6 种效果，如图 5-74 所示。使用不同的效果后，效果如图 5-75 所示。

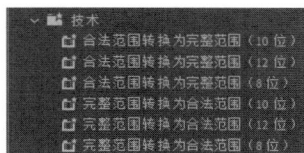

图 5-74

原图   合法范围转换为完整范围（10 位）

合法范围转换为完整范围（12 位）   合法范围转换为完整范围（8 位）   完整范围转换为合法范围（10 位）

图 5-75

完整范围转换为合法范围（12 位）　　　完整范围转换为合法范围（8 位）

图 5-75（续）

5.2　合成及键控技术

　　在 Premiere Pro 2021 中，不仅能够组合和编辑素材，还能够使素材与其他素材相互叠加，从而生成合成效果。一些效果绚丽的复合影视作品就是将多个视频轨道进行叠加，以及应用各种类型的键控来实现的。

5.2.1　课堂案例——抠取唯美古风短视频中的人物

案例学习目标

　　学习使用"效果控件"面板抠取视频中的人物。

案例知识要点

　　使用"导入"命令导入素材文件，使用"帧定格选项"命令定格视频图像，使用"效果控件"面板抠取人物并制作动画，使用"嵌套"命令嵌套素材文件，使用"油漆桶"效果制作图像描边，最终效果如图 5-76 所示。

微课视频　　　　　扩展案例

抠取唯美古风　　　抠取旅行宣传片
短视频中的人物　　　的人物

图 5-76

效果文件所在位置

　　Ch05/抠取唯美古风短视频中的人物/抠取唯美古风短视频中的人物. prproj。

（1）启动 Premiere Pro 2021，选择"文件>新建>项目"命令，弹出"新建项目"对话框，如图 5-77 所示，单击"确定"按钮，新建项目。

（2）选择"文件>导入"命令，弹出"导入"对话框，选择云盘中的"Ch05/抠取唯美古风短视频中的人物/素材/01"文件，如图 5-78 所示，单击"打开"按钮，将素材文件导入"项目"面板中，如图 5-79 所示。双击"项目"面板中的"01"文件，在"源"窗口中打开"01"文件。将时间标签放置在 00:00:18:00 的位置，按 I 键，创建入点，如图 5-80 所示。

图 5-77

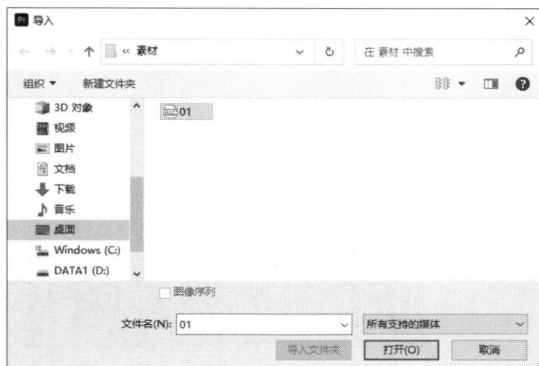

图 5-78

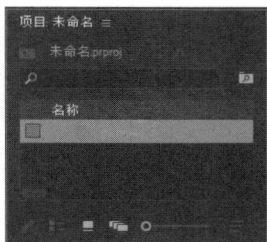

图 5-79

图 5-80

（3）将时间标签放置在 00:00:25:00 的位置，按 O 键，创建出点，如图 5-81 所示。选中"源"窗口中的"01"文件并将其拖曳到"时间轴"面板的"V1"轨道中，生成"01"序列，如图 5-82 所示。

图 5-81

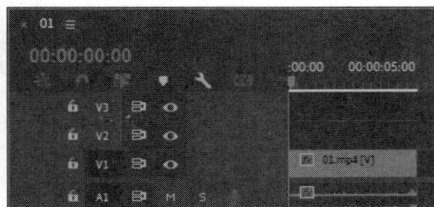

图 5-82

（4）在按住 Alt 键的同时，选择下方的音频，如图 5-83 所示。按 Delete 键，删除音频，如图 5-84 所示。

图 5-83

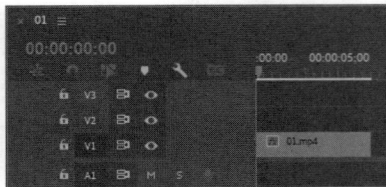

图 5-84

（5）将时间标签放置在 00:00:06:00 的位置，选择"剃刀"工具 ，单击"时间轴"面板中的"01"文件，切割素材，如图 5-85 所示。选择"选择"工具 ，选择切割后的右侧的"01"文件，在文件上单击鼠标右键，在弹出的快捷菜单中选择"帧定格选项"命令，弹出对应的对话框，设置如图 5-86 所示，单击"确定"按钮。

图 5-85

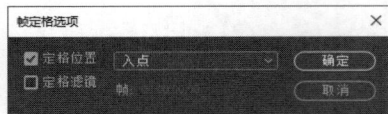

图 5-86

（6）将时间标签放置在 00:00:11:23 的位置。单击"01"文件的结束位置，显示编辑点。当鼠标指针呈 形状时，向右拖曳到 00:00:11:23 的位置，如图 5-87 所示。选择右侧的"01"文件，在按住 Alt 键的同时，将其向上拖曳到"V2"轨道中，复制文件，如图 5-88 所示。

图 5-87

图 5-88

（7）将时间标签放置在 00:00:06:00 的位置。选择"V2"轨道中的"01"文件。在"效果控件"面板中，展开"不透明度"栏，选择"自由绘制贝塞尔曲线"工具 ，如图 5-89 所示。在"节目"窗口中沿着人物边缘绘制曲线，如图 5-90 所示。

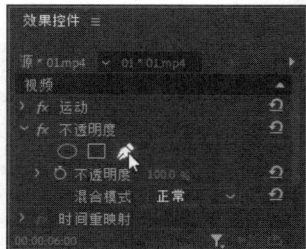

图 5-89

图 5-90

（8）选择"V2"轨道中的"01"文件。在文件上单击鼠标右键，在弹出的快捷菜单中选择"嵌套"命令，弹出"嵌套序列名称"对话框，如图 5-91 所示，单击"确定"按钮，"时间轴"面板如图 5-92 所示。

图 5-91   图 5-92

（9）选择"效果"面板，展开"视频效果"，单击"生成"效果前面的▶按钮将其展开，选中"油漆桶"效果，如图 5-93 所示。将"油漆桶"效果拖曳到"时间轴"面板中的"嵌套序列 01"文件上。在"效果控件"面板中，展开"油漆桶"栏，将"颜色"设置为白色，其他设置如图 5-94 所示。

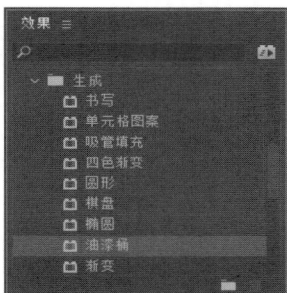

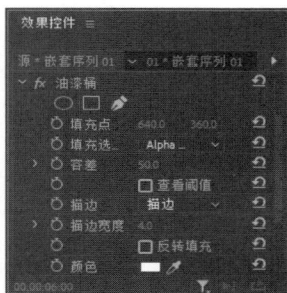

图 5-93   图 5-94

（10）展开"运动"栏，选择"缩放"选项，在"节目"窗口中显示变换框，如图 5-95 所示，将中心点移动到适当的位置，效果如图 5-96 所示。

图 5-95   图 5-96

（11）单击"缩放"选项左侧的"切换动画"按钮 🕘，如图 5-97 所示，记录第 1 个动画关键帧。将时间标签放置在 00:00:08:00 的位置。将"缩放"设置为 120.0，如图 5-98 所示，记录第 2 个动画关键帧。唯美古风短视频中的人物抠取完成。

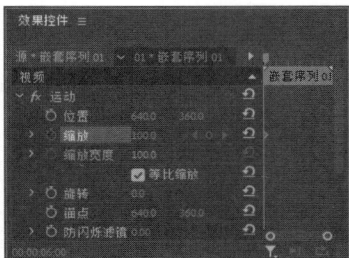

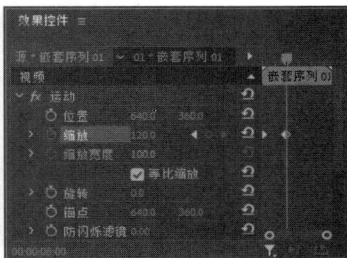

图 5-97   图 5-98

5.2.2　合成简介

虽然 Premiere Pro 2021 不是专用的合成软件，但有着强大的合成功能，既可以合成视频素材，也可以合成静止的图像，或者对两者进行相加合成。合成是影视制作过程中一个很常用的重要技术，在 DV 制作过程中也比较常用。

1．透明

透明叠加的原理是每段素材都有一定的不透明度，在不透明度为 0%时，图像完全透明；在不透明度为 100%时，图像完全不透明；在不透明度介于两者之间时，图像根据设置的数值呈现一定程度的透明。在 Premiere Pro 2021 中，将一段素材叠加在另一段素材上之后，位于轨道上面的素材能够显示其下方素材的部分图像，所利用的就是素材的不透明度。因此，通过素材不透明度的设置，可以制作透明叠加的效果，不透明度设置前后的效果如图 5-99 和图 5-100 所示。

图 5-99 　　　　　　　　　　　　图 5-100

2．Alpha 通道

素材的颜色信息都被保存在 3 个通道中，这 3 个通道分别是红色通道、绿色通道和蓝色通道。另外，在素材中还包含看不见的第 4 个通道，即 Alpha 通道，它用于存储素材的透明度信息。

当在"After Effects Composition"面板或者 Premiere Pro 2021 的"监视器"窗口中查看 Alpha 通道时，白色区域是完全不透明的，黑色区域是完全透明的，两者之间的区域则是不同程度的透明。

3．蒙版

蒙版用于定义层的透明区域，白色区域定义的是完全不透明的区域，黑色区域定义的是完全透明的区域，两者之间的区域则是不同程度的透明，这点类似于 Alpha 通道。通常，Alpha 通道就被用作蒙版，但是使用蒙版定义素材的透明区域时要比使用 Alpha 通道好，因为在很多原始素材中不包含 Alpha 通道。

4．键控

使用键控可以很容易地为一段颜色或者亮度一致的视频素材替换背景，这一技术一般称为"蓝屏技术"或"绿屏技术"，也就是背景色完全是蓝色或者绿色，当然也可以是其他颜色的背景。图像调整的过程如图 5-101、图 5-102 和图 5-103 所示。

 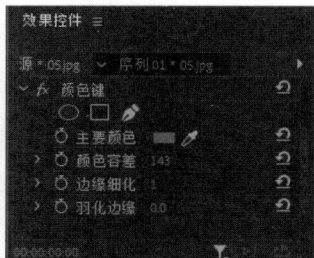 

图 5-101 　　　　　　　　　图 5-102 　　　　　　　　　图 5-103

5.2.3 合成视频

在非线性编辑中，一段视频素材就是一个图层，将这些图层放置于"时间轴"面板中的不同视频轨道上以不同的透明度相叠加，即可实现视频的合成效果。

在进行合成视频操作之前，对叠加的使用应注意以下几点。

（1）叠加效果的产生必须使用两段或者两段以上的素材，有时候为了实现效果可以创建一个字幕或者颜色蒙版文件。

（2）只能对重叠轨道上的素材应用透明叠加设置，在默认设置下，每一个新建项目都包含两个可重叠轨道——"V2"和"V3"轨道，当然也可以另外增加多个重叠轨道。

（3）在 Premiere Pro 2021 中制作叠加效果，首先合成视频主轨道上的素材（包括过渡转场效果），然后将被叠加的素材叠加到背景素材中去。在叠加过程中，首先叠加较低层轨道的素材，然后以叠加后的素材为背景来叠加较高层轨道的素材，这样在叠加完成后，最高层的素材就位于画面的顶层。

（4）透明素材必须放置在其他素材之上，将想要叠加的素材放置于重叠轨道上——"V2"或者更高层的视频轨道上。

（5）背景素材可以放置在视频主轨道"V1"或"V2"轨道上，即较低层的重叠轨道上的素材可以作为较高层重叠轨道上素材的背景。

（6）必须对位于最高层轨道上的素材进行透明设置和调整，否则其下方的所有素材均不能显示。

（7）叠加有两种方式：一种是混合叠加方式，另一种是淡化叠加方式。

混合叠加方式是将素材的一部分叠加到另一段素材上，因此作为前景的素材最好具有单一的底色并且与需要保留的部分对比鲜明，这样很容易将底色变为透明，再将前景素材叠加到作为背景的素材上，背景在前景素材透明处可见，从而使前景素材保留的部分看上去就像背景素材的一部分。

淡化叠加方式通过调整整个前景的透明度，让前景整体暗淡，而背景素材逐渐显现出来，达到一种梦幻或朦胧的效果。

图 5-104 和图 5-105 分别为混合、淡化叠加方式的效果。

图 5-104　　　　　　　　　　　　　图 5-105

5.2.4 课堂案例——抠取折纸素材并合成到栏目片头

🖊 案例学习目标

学习使用"颜色键"效果抠取视频文件中的折纸。

🔒 案例知识要点

使用"导入"命令导入视频文件，使用"颜色键"效果抠取折纸视频，使用"效果控件"面板制作文字动画，最终效果如图 5-106 所示。

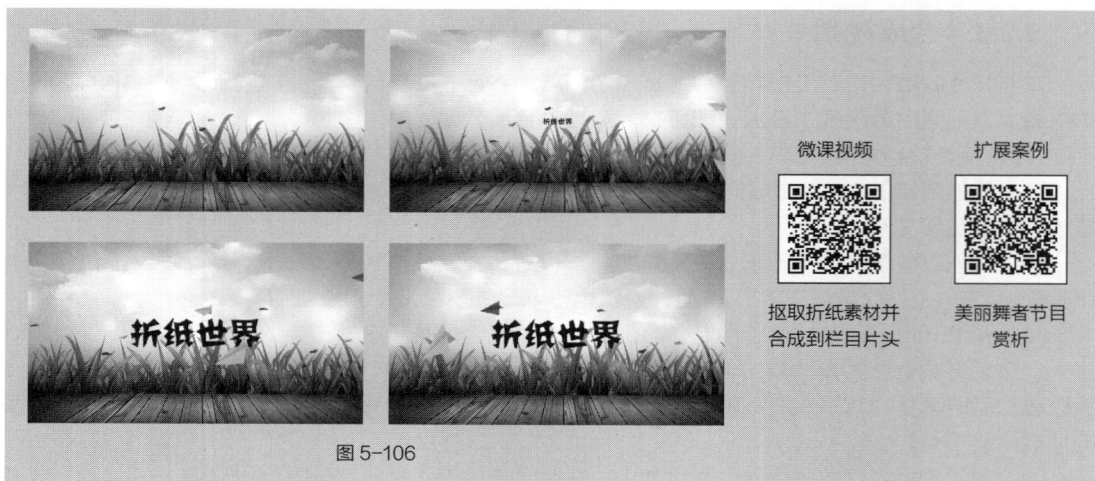

图 5-106

效果文件所在位置

Ch05/抠取折纸素材并合成到栏目片头/抠取折纸素材并合成到栏目片头. prproj。

（1）启动 Premiere Pro 2021，选择"文件>新建>项目"命令，弹出"新建项目"对话框，如图 5-107 所示，单击"确定"按钮，新建项目。选择"文件>新建>序列"命令，弹出"新建序列"对话框，单击"设置"选项卡，设置如图 5-108 所示，单击"确定"按钮，新建序列。

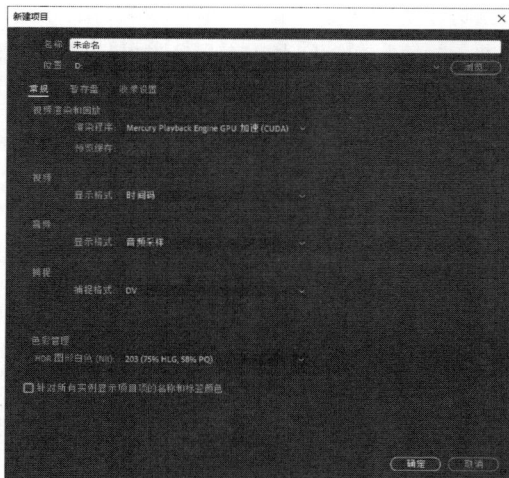

图 5-107

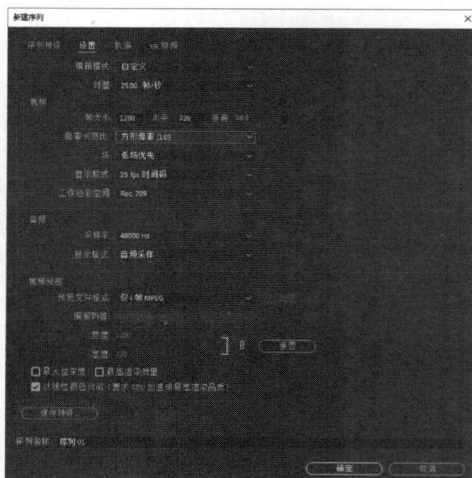

图 5-108

（2）选择"文件>导入"命令，弹出"导入"对话框，选择云盘中的"Ch05/抠取折纸素材并合成到栏目片头/素材/01～03"文件，如图 5-109 所示，单击"打开"按钮，将素材文件导入"项目"面板中，如图 5-110 所示。

（3）在"项目"面板中，选中"01"文件并将其拖曳到"时间轴"面板的"V1"轨道中，弹出"剪辑不匹配警告"对话框，单击"保持现有设置"按钮，在保持现有序列设置的情况下将"01"文件放置在"V1"轨道中，如图 5-111 所示。选择"时间轴"面板中的"01"文件。选择"效果控件"面板，展开"运动"栏，将"缩放"设置为 67.0，如图 5-112 所示。

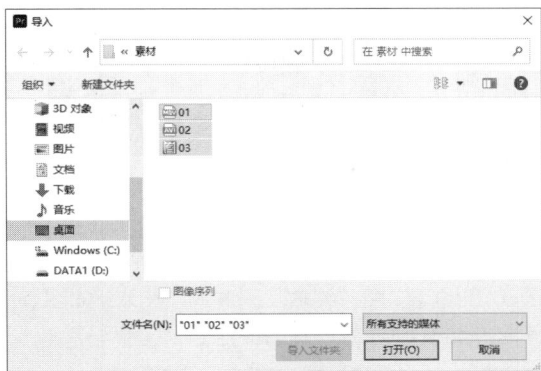

图 5-109

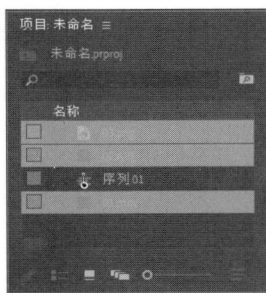

图 5-110

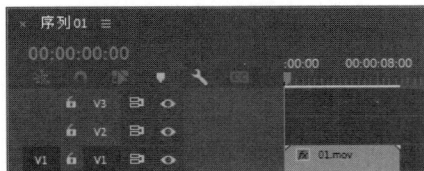

图 5-111

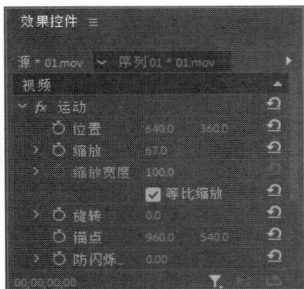

图 5-112

（4）在"项目"面板中，选中"02"文件并将其拖曳到"时间轴"面板的"V2"轨道中，如图 5-113 所示。选择"效果"面板，展开"视频效果"，单击"键控"效果前面的▶按钮将其展开，选中"颜色键"效果，如图 5-114 所示。

（5）将"颜色键"效果拖曳到"时间轴"面板"V2"轨道中的"02"文件上。选择"效果控件"面板，展开"颜色键"栏，将"主要颜色"设置为蓝色（4、1、167），将"颜色容差"设置为 32，将"边缘细化"设置为 3，如图 5-115 所示。

图 5-113

图 5-114

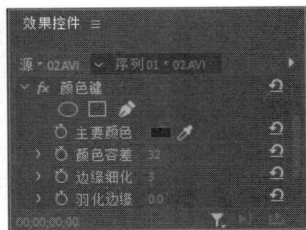

图 5-115

（6）在"项目"面板中，选中"03"文件并将其拖曳到"时间轴"面板的"V3"轨道中，如图 5-116 所示。单击"03"文件的结束位置，显示编辑点。当鼠标指针呈┫形状时，向右拖曳到"02"文件的结束位置，如图 5-117 所示。

图 5-116

图 5-117

（7）选中"时间轴"面板中的"03"文件。选择"效果控件"面板，展开"运动"栏，将"缩放"设置为 0.0，单击"缩放"选项左侧的"切换动画"按钮 ⏱，如图 5-118 所示，记录第 1 个动画关键帧。将时间标签放置在 00 : 00 : 02 : 07 的位置，将"缩放"设置为 170.0，如图 5-119 所示，记录第 2 个动画关键帧。完成抠取折纸素材并合并到栏目片头的操作。

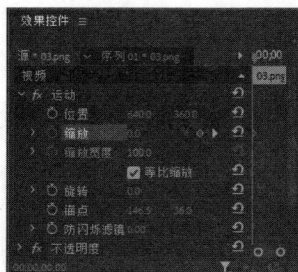

图 5-118

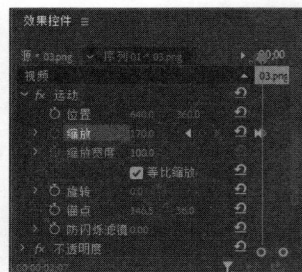

图 5-119

5.2.5 "键控"效果

"键控"效果使用特定的颜色值（颜色键控）和亮度值（亮度键控）来定义视频素材中的透明区域。它包含 9 种效果，如图 5-120 所示。使用不同的效果后，效果如图 5-121 所示。

图 5-120

原图 1

原图 2

Alpha 调整

亮度键

图像遮罩键

图 5-121

差值遮罩	移除遮罩	超级键
轨道遮罩键	非红色键	颜色键

图 5-121（续）

> **提示**
>
> "移除遮罩"效果调整的是透明和不透明的边界，可以减少白色或黑色边界；在使用"图像遮罩键"效果进行图像遮罩时，遮罩图像的名称和文件夹都不能使用中文，否则图像遮罩将没有效果。

课堂练习——调整花开美景短视频的花朵颜色

练习知识要点

使用"导入"命令导入素材文件，使用"效果控件"面板调整图像的大小并制作动画，使用"更改颜色"效果改变图像的颜色，最终效果如图 5-122 所示。

微课视频

调整花开美景
短视频的花朵
颜色

图 5-122

效果文件所在位置

Ch05/调整花开美景短视频的花朵颜色/调整花开美景短视频的花朵颜色. prproj。

课后习题——调整森林美景宣传片的画面颜色

习题知识要点

使用"导入"命令导入素材文件，使用"效果控件"面板编辑图像并制作动画效果，使用"自动色阶"效果和"颜色平衡"效果调整图像颜色，最终效果如图 5-123 所示。

微课视频

调整森林美景
宣传片的画面
颜色

图 5-123

效果文件所在位置

Ch05/调整森林美景宣传片的画面颜色/调整森林美景宣传片的画面颜色. prproj。

06

第 6 章
字幕与字幕效果

本章主要讲解字幕的制作方法，并对字幕的创建、编辑与修饰，以及滚动字幕的创建及使用方法进行详细的介绍。通过对本章的学习，读者能快速掌握编辑字幕的操作技巧。

学习目标

- ◇ 掌握创建字幕的方法。
- ◇ 掌握编辑与修饰字幕的技巧。
- ◇ 掌握创建滚动字幕的方法。

技能目标

- ◇ 掌握饭庄宣传片片头的遮罩文字的制作方法。
- ◇ 掌握旅行节目片头的宣传文字的编辑方法。
- ◇ 掌握动物世界纪录片的滚动字幕的制作方法。

素养目标

- ◇ 培养良好的语言理解能力。
- ◇ 培养良好的组织和排版能力。
- ◇ 培养语句通顺、含义清楚的文字表达能力。

6.1　创建字幕

在 Premiere Pro 2021 中，用户可以非常方便地创建传统字幕、图形字幕和开放式字幕，也可以创建沿路径行走的字幕，以及段落字幕等。

6.1.1　课堂案例——制作饭庄宣传片片头的遮罩文字

案例学习目标

学习使用"文字"工具和"基本图形"面板创建字幕。

案例知识要点

使用"导入"命令导入素材文件，使用"文字"工具添加文字，使用"基本图形"面板编辑文本，使用"高斯模糊"效果、"轨道遮罩键"效果、"交叉溶解"效果和"效果控件"面板制作遮罩文字，最终效果如图 6-1 所示。

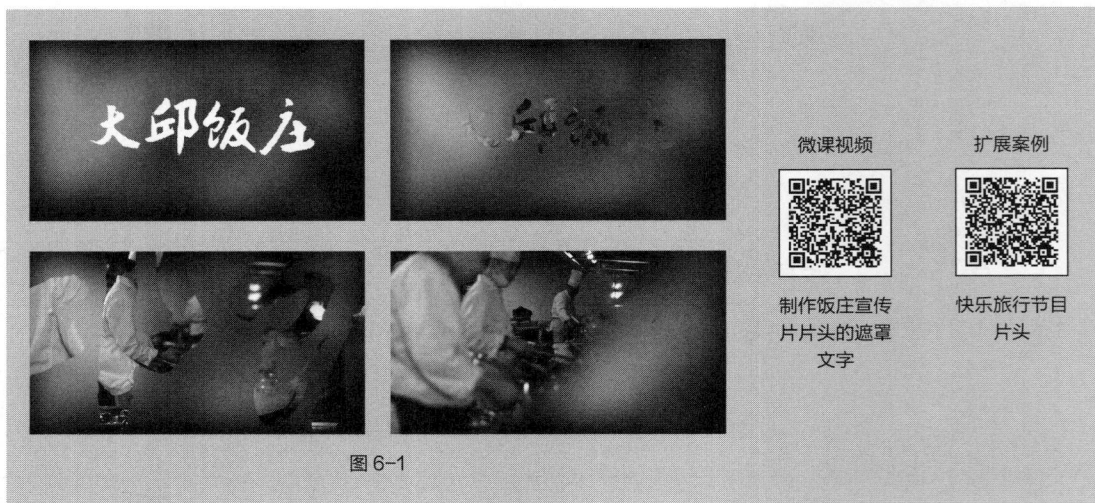

微课视频　　　　扩展案例

制作饭庄宣传
片片头的遮罩
文字

快乐旅行节目
片头

图 6-1

效果文件所在位置

Ch06/制作饭庄宣传片片头的遮罩文字/制作饭庄宣传片片头的遮罩文字. prproj。

（1）启动 Premiere Pro 2021，选择"文件>新建>项目"命令，弹出"新建项目"对话框，如图 6-2 所示，单击"确定"按钮，新建项目。

（2）选择"文件>导入"命令，弹出"导入"对话框，选择云盘中的"Ch06/制作饭庄宣传片片头的遮罩文字/素材/01"文件，如图 6-3 所示，单击"打开"按钮，将素材文件导入"项目"面板中，如图 6-4 所示。将"项目"面板中的"01"文件拖曳到"时间轴"面板的"V1"轨道中，生成"01"序列，如图 6-5 所示。

（3）在按住 Alt 键的同时，选择下方的音频，如图 6-6 所示。按 Delete 键，删除音频，效果如图 6-7 所示。

图 6-2

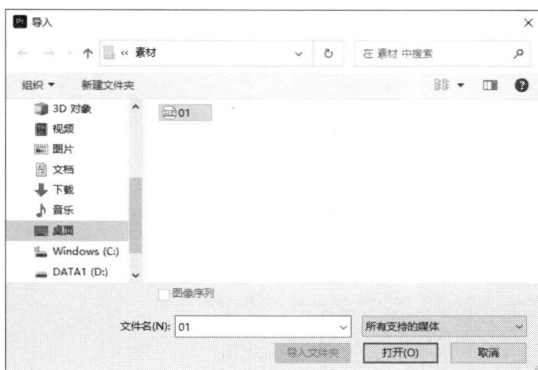

图 6-3

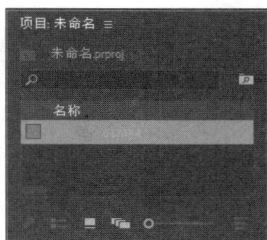

图 6-4

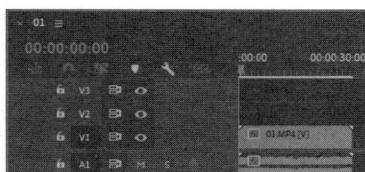

图 6-5

图 6-6

图 6-7

（4）将时间标签放置在 00:00:13:00 的位置。单击"01"文件的结束位置，显示编辑点。当鼠标指针呈 形状时，向左拖曳到 00:00:13:00 的位置，如图 6-8 所示。选择"时间轴"面板中的"01"文件，在按住 Alt 键的同时，将其向上拖曳到"V2"轨道中，复制文件，如图 6-9 所示。

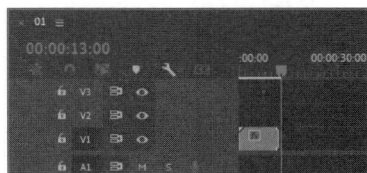

图 6-8

图 6-9

（5）将时间标签放置在 00:00:00:00 的位置。选择"工具"面板中的"文字"工具 **T**，在"节目"窗口中单击并输入需要的文字，效果如图 6-10 所示。在"时间轴"面板中的"V3"轨道中生成图形文件，如图 6-11 所示。

图 6-10

图 6-11

（6）选择"窗口>基本图形"命令，弹出"基本图形"面板，单击"编辑"选项卡，在"外观"栏中将"填充"设置为黑色，"文本"栏中的设置如图 6-12 所示。"对齐并变换"栏中的设置如图 6-13 所示。"节目"窗口中的效果如图 6-14 所示。

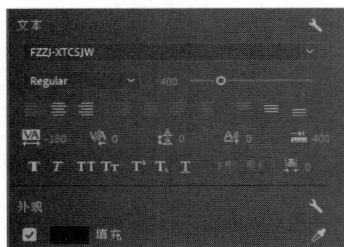

图 6-12

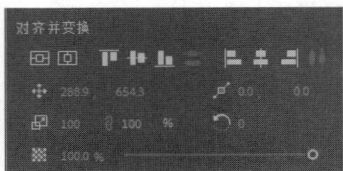

图 6-13

图 6-14

（7）单击图形文件的结束位置，显示编辑点。当鼠标指针呈 形状时，向右拖曳到"01"文件的结束位置，如图 6-15 所示。选择"时间轴"面板中的图形文件。在按住 Alt 键的同时，将其向上拖曳到"V4"轨道中，复制文件，如图 6-16 所示。

图 6-15

图 6-16

（8）将时间标签放置在 00:00:02:12 的位置。单击图形文件的结束位置，显示编辑点。当鼠标指针呈 形状时，向左拖曳到 00:00:02:12 的位置，如图 6-17 所示。将时间标签放置在 00:00:00:00 的位置。选择"时间轴"面板中的图形文件。选择"效果控件"面板，展开"文本"栏，在"外观"栏中将"填充"设置为白色，如图 6-18 所示。

图 6-17

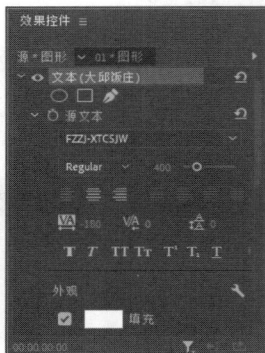

图 6-18

（9）选择"效果"面板，展开"视频效果"，单击"模糊与锐化"效果前面的▶按钮将其展开，选中"高斯模糊"效果，如图 6-19 所示。将"高斯模糊"效果拖曳到"时间轴"面板中的"V1"轨道中的"01"文件上。在"效果控件"面板中，展开"高斯模糊"栏，将"模糊度"设置为 350.0，如图 6-20 所示。

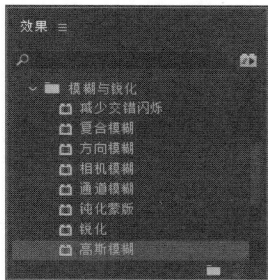
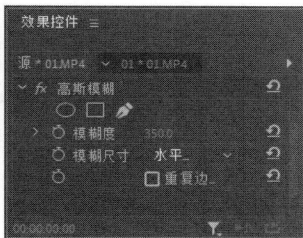

图 6-19　　　　　　　　　　　图 6-20

（10）选择"效果"面板，单击"键控"效果前面的▶按钮将其展开，选中"轨道遮罩键"效果，如图 6-21 所示。将"轨道遮罩键"效果拖曳到"时间轴"面板"V2"轨道中的"01"文件上。在"效果控件"面板中，展开"轨道遮罩键"栏，将"遮罩"设置为"视频 3"，如图 6-22 所示。

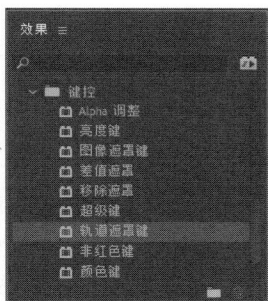
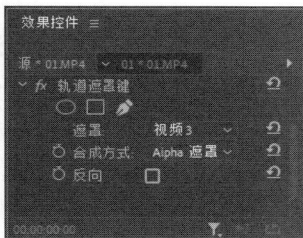

图 6-21　　　　　　　　　　　图 6-22

（11）将时间标签放置在 00:00:03:10 的位置，选择"时间轴"面板"V3"轨道中的图形文件。在"效果控件"面板中，展开"运动"栏，单击"缩放"选项左侧的"切换动画"按钮 ○，如图 6-23 所示，记录第 1 个动画关键帧。将时间标签放置在 00:00:06:10 的位置，将"缩放"设置为 10000.0，如图 6-24 所示，记录第 2 个动画关键帧。

图 6-23　　　　　　　　　　　图 6-24

（12）将时间标签放置在 00:00:00:00 的位置。选择"效果"面板，展开"视频过渡"，单击"溶解"效果前面的▶按钮将其展开，选中"交叉溶解"效果，如图 6-25 所示。将"交叉溶解"效果拖曳到"时间轴"面板"V4"轨道的图形文件的结束位置。在"效果控件"面板中，展开"交叉溶解"栏，将"持续时间"设置为 00：00：01：00，如图 6-26 所示。饭庄宣传片片头的遮罩文字制作完成。

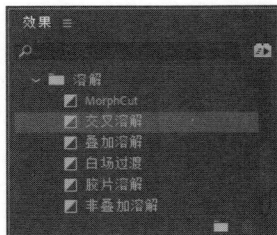

图 6-25

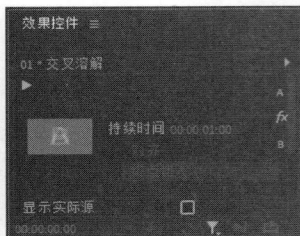

图 6-26

6.1.2　创建传统字幕

创建水平或垂直传统字幕的具体操作步骤如下。

（1）选择"文件>新建>旧版标题"命令，弹出"新建字幕"对话框，如图 6-27 所示，单击"确定"按钮，弹出"字幕"面板，如图 6-28 所示。

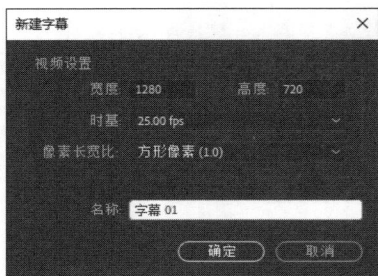

图 6-27

图 6-28

（2）单击左上角的 ☰ 按钮，在弹出的菜单中选择"工具"命令，如图 6-29 所示，弹出"旧版标题工具"面板，如图 6-30 所示。

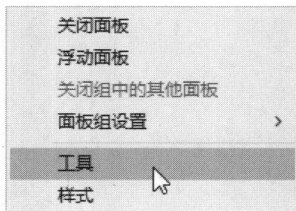

图 6-29

图 6-30

（3）选择"旧版标题工具"面板中的"文字"工具 **T**，在"字幕"面板中分别单击并输入需要的文字，如图 6-31 所示。单击"字幕"面板左上角的 ☰ 按钮，在弹出的菜单中选择"样式"命令，弹出"旧版标题样式"面板，如图 6-32 所示。

图 6-31

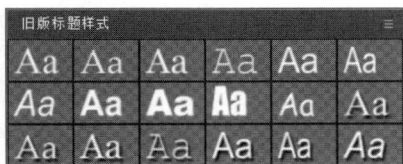

图 6-32

（4）在"旧版标题样式"面板中选择需要的字幕样式，如图 6-33 所示，"字幕"面板中的文字如图 6-34 所示。

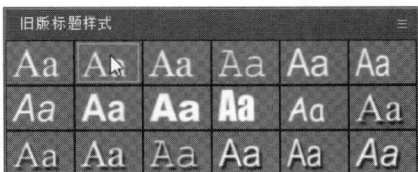

图 6-33

图 6-34

（5）在"字幕"面板上方的属性栏中分别设置字体和字号，"字幕"面板中的文字如图 6-35 所示。用相同的方法添加文字和印章，如图 6-36 所示。选择"旧版标题工具"面板中的"垂直文字"工具，在"字幕"面板中可以添加垂直文字，并设置字幕样式和属性。

图 6-35

图 6-36

6.1.3　创建图形字幕

创建水平或垂直图形字幕的具体操作步骤如下。

（1）将"01"素材添加到"时间轴"面板的"V1"轨道中。选择"工具"面板中的"文字"工

具 ，在"节目"窗口中分别单击并输入需要的文字，如图 6-37 所示。在"时间轴"面板的"V2"轨道中生成图形文件，如图 6-38 所示。

图 6-37 图 6-38

（2）选择"窗口>基本图形"命令，弹出"基本图形"面板，单击"编辑"选项卡，如图 6-39 所示，在"外观"栏中将"填充"设置为白色，"文本"栏中的设置如图 6-40 所示。"基本图形"面板的"对齐并变换"栏中的设置如图 6-41 所示。

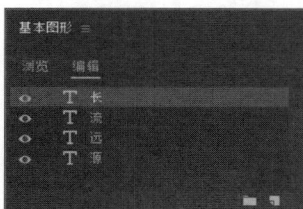
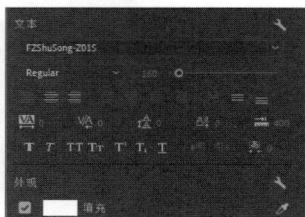

图 6-39 图 6-40 图 6-41

（3）选择并设置其他文字，"节目"窗口中的效果如图 6-42 所示。用相同的方法添加文字和印章，如图 6-43 所示。选择"工具"面板中的"垂直文字"工具 ，可在"节目"窗口中输入垂直文字，并设置字幕样式和属性。

图 6-42 图 6-43

6.1.4　创建路径字幕

创建水平或垂直路径字幕的具体操作步骤如下。

（1）选择"文件>新建>旧版标题"命令，弹出"新建字幕"对话框，如图 6-44 所示，单击"确定"按钮，弹出"字幕"面板，如图 6-45 所示。

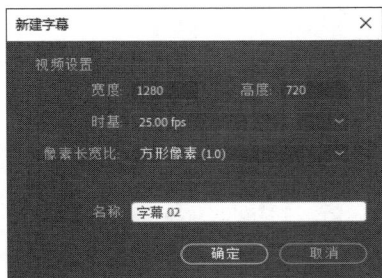

图 6-44

图 6-45

（2）单击"字幕"面板左上角的 ▤ 按钮，在弹出的菜单中选择"工具"命令，如图 6-46 所示，弹出"旧版标题工具"面板，如图 6-47 所示。

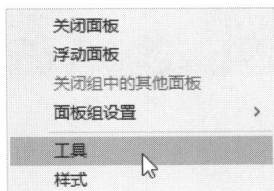

图 6-46

图 6-47

（3）选择"旧版标题工具"面板中的"路径文字"工具 ，在"字幕"面板中拖曳绘制路径，如图 6-48 所示。选择"路径文字"工具 ，在路径上单击插入光标，输入需要的文字，如图 6-49 所示。

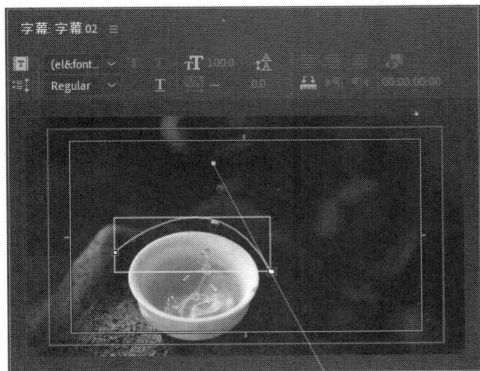

图 6-48

图 6-49

（4）单击"字幕"面板左上角的 ▤ 按钮，在弹出的菜单中选择"属性"命令，如图 6-50 所示，弹出"旧版标题属性"面板，展开"填充"栏，将"颜色"设置为白色；展开"属性"栏，设置如图 6-51 所示，"字幕"面板中的效果如图 6-52 所示。用相同的方法制作垂直路径文字，"字幕"面板中的效果如图 6-53 所示。

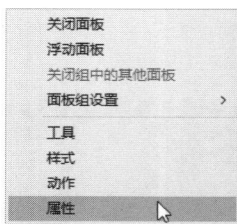

图 6-50

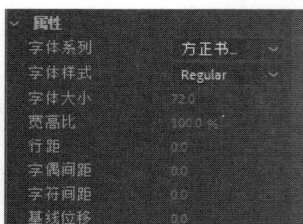

图 6-51

图 6-52

图 6-53

6.1.5 创建段落字幕

1. 在"字幕"面板中创建段落字幕

（1）选择"文件>新建>旧版标题"命令，弹出"新建字幕"对话框，如图 6-54 所示，单击"确定"按钮，弹出"字幕"面板。选择"旧版标题工具"面板中的"文字"工具 **T**，在"字幕"面板中拖曳文本框，如图 6-55 所示。

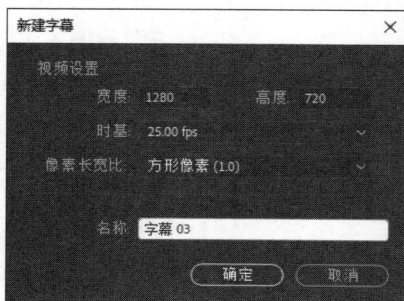

图 6-54

图 6-55

（2）在"字幕"面板中输入需要的段落文字，如图 6-56 所示。在"旧版标题属性"面板中展开"填充"栏，将"颜色"设置为白色；展开"属性"栏，设置如图 6-57 所示，"字幕"面板中的效果如图 6-58 所示。用相同的方法制作垂直段落文字，"字幕"面板中的效果如图 6-59所示。

图 6-56

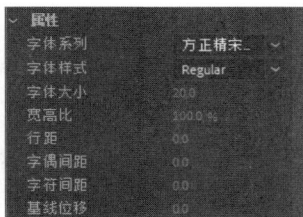

图 6-57

图 6-58

图 6-59

2．在"节目"窗口中创建段落字幕

选择"工具"面板中的"文字"工具 **T**，直接在"节目"窗口中拖曳文本框并输入文字，在"基本图形"面板中编辑文字，效果如图 6-60 所示。用相同的方法输入垂直段落文字，效果如图 6-61 所示。

图 6-60

图 6-61

6.1.6　创建文本字幕

选择"窗口>文本"命令，弹出"文本"面板，如图 6-62 所示。

转录序列：单击此按钮，可以对所选素材进行语音识别，生成实时的文本字幕。

创建新字幕轨：单击此按钮，可以在"时间轴"面板中创建字幕轨道，并手动添加需要的字幕。

从文件导入说明性字幕：单击此按钮，可以从已有文件中导入字幕。

单击"转录文本"选项卡，面板界面如图 6-63 所示，单击"转录序列"按钮，可以对所选素材进行语音识别，生成实时的文本字幕，并对字幕进行简单的编辑。单击"图形"选项卡，面板界面如图 6-64 所示，可以显示"时间轴"面板中应用的图形字幕，并进行简单的编辑。

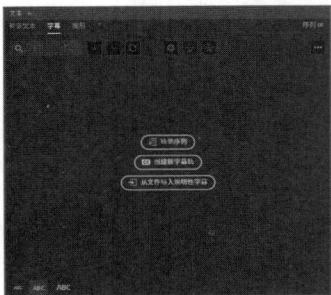 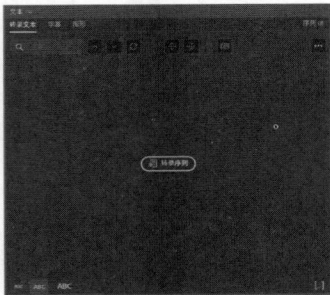 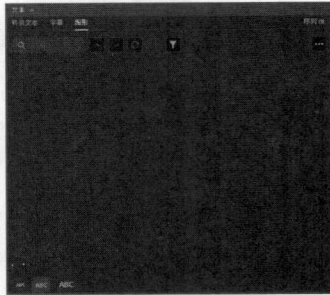

图 6-62　　　　　　　　　　　　图 6-63　　　　　　　　　　　　图 6-64

6.2　编辑与修饰字幕

字幕创建完成以后，还需要对字幕进行相应的编辑和修饰，下面进行详细介绍。

6.2.1　课堂案例——编辑旅行节目片头的宣传文字

案例学习目标

学习创建并编辑字幕的方法。

案例知识要点

使用"导入"命令导入素材文件，使用"旧版标题"命令创建字幕，使用"字幕"面板添加并编辑文字，使用"旧版标题属性"面板编辑字幕，使用"自动色阶"效果调整素材颜色，使用"快速模糊入点"效果、"快速模糊出点"效果和"效果控件"面板制作模糊文字，最终效果如图 6-65 所示。

图 6-65

效果文件所在位置

Ch06/编辑旅行节目片头的宣传文字/编辑旅行节目片头的宣传文字.prproj。

（1）启动 Premiere Pro 2021，选择"文件>新建>项目"命令，弹出"新建项目"对话框，如图 6-66 所示，单击"确定"按钮，新建项目。

（2）选择"文件>导入"命令，弹出"导入"对话框，选择云盘中的"Ch06/编辑旅行节目片头的宣传文字/素材/01"文件，如图 6-67 所示，单击"打开"按钮，将素材文件导入"项目"面板中，如图 6-68 所示。将"项目"面板中的"01"文件拖曳到"时间轴"面板的"V1"轨道中，生成"01"序列，如图 6-69 所示。

图 6-66

图 6-67

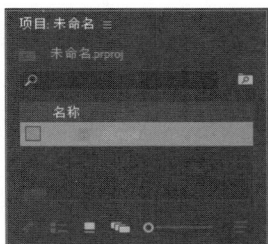

图 6-68

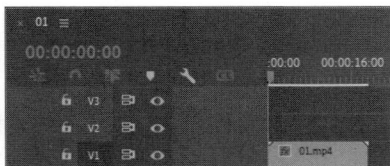

图 6-69

（3）将时间标签放置在 00:00:10:00 的位置。单击"01"文件的结束位置，显示编辑点，如图 6-70 所示。当鼠标指针呈 ◄┃ 形状时，向左拖曳到 00:00:10:00 的位置，如图 6-71 所示。

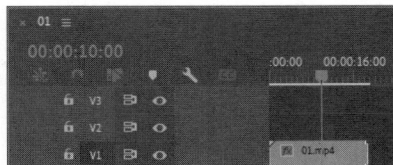

图 6-70

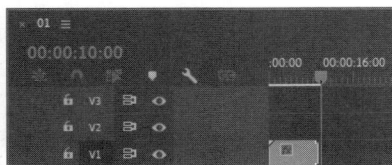

图 6-71

（4）选择"文件>新建>旧版标题"命令，弹出"新建字幕"对话框，如图 6-72 所示，单击"确定"按钮，弹出"字幕"面板。选择"旧版标题工具"面板中的"矩形"工具 ▢，在"字幕"面板中绘制矩形，如图 6-73 所示。在"旧版标题属性"面板中，展开"填充"栏，将"颜色"设置为红色（225,0,0），如图 6-74 所示，"字幕"面板中的效果如图 6-75 所示。

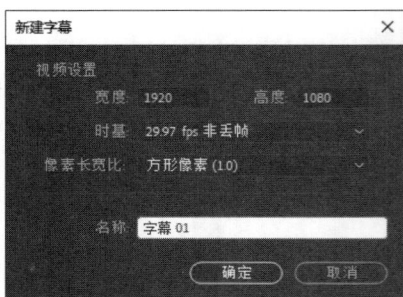

图 6-72

图 6-73

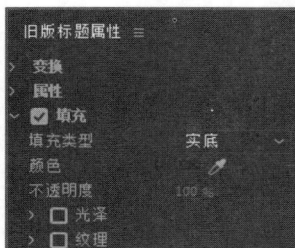

图 6-74

图 6-75

（5）选择"旧版标题工具"面板中的"文字"工具 **T**，在"字幕"面板中分别单击并输入需要的文字，如图 6-76 所示。分别选择文字，在"字幕"面板上方设置适当的字体、文字大小和位置。在"旧版标题属性"面板中，展开"填充"栏，将"颜色"设置为白色，"字幕"面板中的效果如图 6-77 所示。在"项目"面板中生成"字幕 01"文件。

图 6-76

图 6-77

（6）将时间标签放置在 00:00:01:00 的位置。将"项目"面板中的"字幕 01"文件拖曳到"时间轴"面板的"V2"轨道中，如图 6-78 所示。将时间标签放置在 00:00:08:00 的位置。单击"01"文件的结束位置，显示编辑点。当鼠标指针呈 ◄| 形状时，向右拖曳到 00:00:08:00 的位置，如图 6-79 所示。

图 6-78

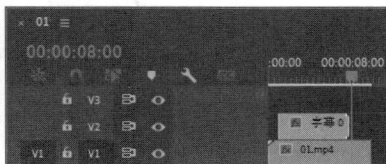

图 6-79

（7）选择"效果"面板，展开"视频效果"，单击"过时"效果前面的 ▶ 按钮将其展开，选中"自动色阶"效果，如图 6-80 所示。将"自动色阶"效果拖曳到"时间轴"面板的"01"文件上，如图 6-81 所示。

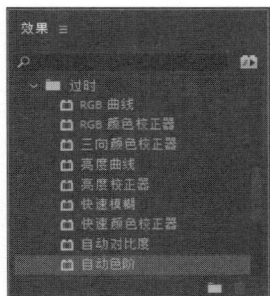

图 6-80

图 6-81

（8）选择"效果"面板，展开"预设"，单击"模糊"效果前面的 ▶ 按钮将其展开，选中"快速模糊入点"效果，如图 6-82 所示。将"快速模糊入点"效果拖曳到"时间轴"面板中的"字幕 01"文件上。

（9）将时间标签放置在 00:00:03:00 的位置。在"效果控件"面板中，展开"快速模糊"栏，选择第 2 个关键帧，将其拖曳到时间标签的位置，如图 6-83 所示。

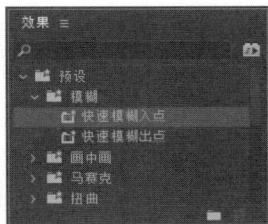

图 6-82

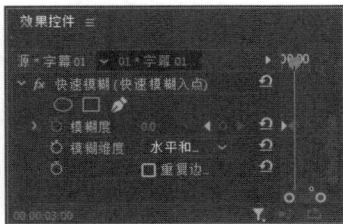

图 6-83

（10）选择"效果"面板，选中"快速模糊出点"效果，如图 6-84 所示。将"快速模糊出点"效果拖曳到"时间轴"面板中的"字幕 01"文件上。

（11）将时间标签放置在 00:00:06:00 的位置。在"效果控件"面板中，展开"快速模糊"栏，选择第 1 个关键帧，将其拖曳到时间标签的位置，如图 6-85 所示。旅行节目片头的宣传文字编辑完成。

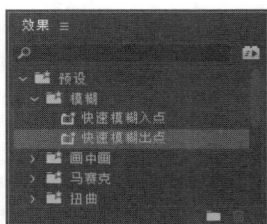
图 6-84

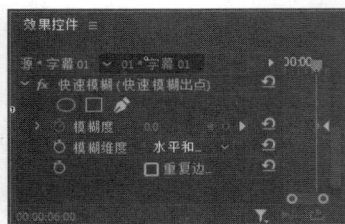
图 6-85

6.2.2　编辑字幕

1．使用"字幕"面板编辑字幕

（1）在"字幕"面板中输入并设置文字属性，如图 6-86 所示。选择"选择"工具▶，将鼠标指针移动至矩形框内选取文字，拖曳移动文字对象，效果如图 6-87 所示。

图 6-86

图 6-87

（2）将鼠标指针移至矩形框的任意一个点上，当鼠标指针呈↗、↔或↘形状时，拖曳可缩放文字对象，效果如图 6-88 所示。将鼠标指针移至矩形框的任意一点外侧，当鼠标指针呈↻、↺或↻形状时，拖曳可旋转文字对象，效果如图 6-89 所示。

图 6-88

图 6-89

2．使用"节目"窗口编辑字幕

（1）在"节目"窗口中输入文字，设置属性后，如图 6-90 所示。选择"选择"工具▶，将鼠标指针移动至矩形框内，拖曳可移动文字对象，效果如图 6-91 所示。

图 6-90

图 6-91

（2）将鼠标指针移至矩形框的任意一个点上，当鼠标指针呈 ↗、↔ 或 ↖ 形状时，拖曳可缩放文字对象，效果如图 6-92 所示。将鼠标指针移至矩形框的任意一点外侧，当鼠标指针呈 ↻、↺ 或 ↻ 形状时，拖曳可旋转文字对象，效果如图 6-93 所示。

图 6-92

图 6-93

（3）将鼠标指针移至矩形框的锚点 ⊕ 处，当鼠标指针呈 ▶ 形状时，将其拖曳到适当的位置，如图 6-94 所示。将鼠标指针移至矩形框的任意一点外侧，当鼠标指针呈 ↻、↺ 或 ↻ 形状时，拖曳可以以锚点为中心旋转文字对象，效果如图 6-95 所示。

图 6-94

图 6-95

6.2.3 设置字幕属性

在 Premiere Pro 2021 中可以非常方便地对字幕进行修饰，包括调整位置、不透明度、字体、字体大小、颜色和为文字添加阴影等。

1. 在"旧版标题属性"面板中编辑字幕属性

在"旧版标题属性"面板的"变换"栏中可以对字幕的不透明度、位置、宽度、高度以及旋转等属性进行设置，如图 6-96 所示。在"属性"栏中可以对字幕的字体样式、字体大小、行距、扭曲等基本属性进行设置，如图 6-97 所示。"填充"栏主要用于设置字幕的填充类型、颜色和不透明度等属性，如图 6-98 所示。

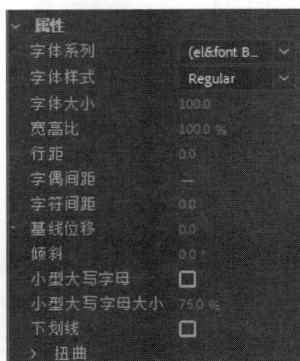

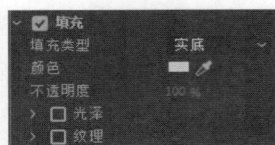

图 6-96　　　　　　　　图 6-97　　　　　　　　图 6-98

"描边"栏主要用于设置描边效果，可以设置内描边和外描边，如图 6-99 所示。"阴影"栏用于添加阴影效果，如图 6-100 所示。"背景"栏用于设置字幕背景的填充类型、颜色和不透明度等属性，如图 6-101 所示。

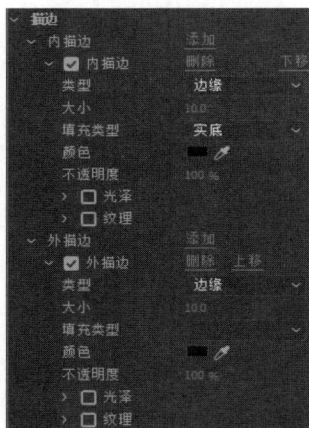

图 6-99　　　　　　　　图 6-100　　　　　　　　图 6-101

2. 在"效果控件"面板中编辑字幕属性

在"效果控件"面板中展开"文本"栏，"源文本"栏中可以设置字体、字体样式、字体大小、字距和行距等属性；"外观"栏中可以设置填充、描边及阴影等属性，如图 6-102 所示；"变换"栏中可以设置位置、缩放、旋转、不透明度、锚点等属性，如图 6-103 所示。

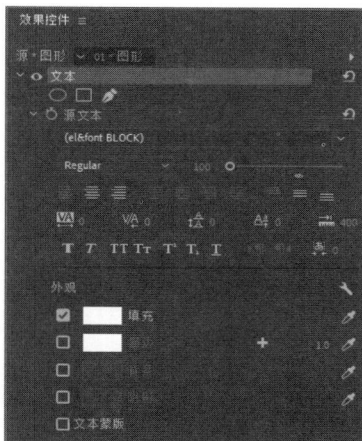

图 6-102

图 6-103

3. 在"基本图形"面板中编辑字幕属性

"基本图形"面板中最上方为文字图层和响应设置，如图 6-104 所示。"对齐并变换"栏用于
设置对齐、位置、旋转及比例等属性，"主样式"栏可以设置主样式，如图 6-105 所示。"文本"
栏可以设置字体、字体样式、字体大小、字距和行距等属性。"外观"栏可以设置填充、描边、背
景及阴影等属性，如图 6-106 所示。

图 6-104

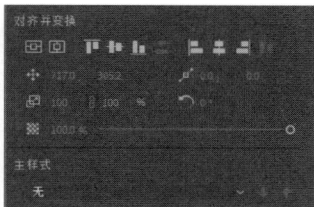

图 6-105

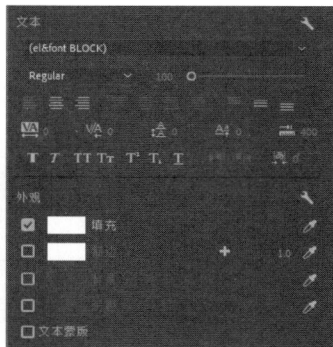

图 6-106

6.3 创建滚动字幕

在观看电影时，经常会看到影片的开头和结尾都有滚动文字，显示导演与演员的姓名等，或是
影片中出现人物对白文字，这些文字可以通过视频编辑软件添加到视频画面中。Premiere Pro 2021
中提供了垂直滚动和水平滚动等字幕效果。

6.3.1 课堂案例——制作动物世界纪录片的滚动字幕

案例学习目标

学习创建滚动字幕的方法。

案例知识要点

　　使用"导入"命令导入素材文件，使用"基本图形"面板和"效果控件"面板制作滚动条，使用"旧版标题"命令创建字幕，使用"滚动/游动选项"按钮制作滚动字幕，最终效果如图 6-107 所示。

微课视频　　扩展案例　　扩展案例

制作动物世界
纪录片的滚动
字幕

制作动物世界
纪录片的滚动
字幕

制作节目
预告片

图 6-107

效果文件所在位置

　　Ch06/制作动物世界纪录片的滚动字幕/制作动物世界纪录片的滚动字幕.prproj。

　　（1）启动 Premiere Pro 2021，选择"文件>新建>项目"命令，弹出"新建项目"对话框，如图 6-108 所示，单击"确定"按钮，新建项目。

　　（2）选择"文件>导入"命令，弹出"导入"对话框，选择云盘中的"Ch06/制作动物世界纪录片的滚动字幕/素材/01"文件，如图 6-109 所示，单击"打开"按钮，将素材文件导入"项目"面板中，如图 6-110 所示。将"项目"面板中的"01"文件拖曳到"时间轴"面板的"V1"轨道中，生成"01"序列，如图 6-111 所示。

图 6-108

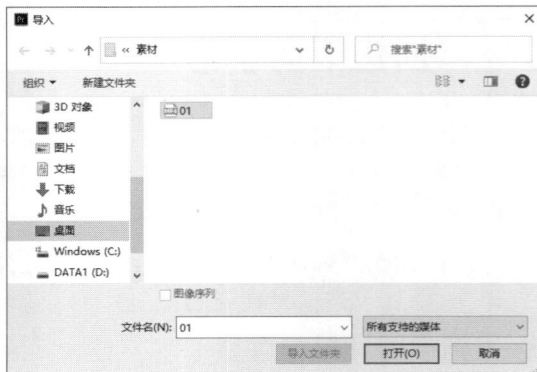

图 6-109

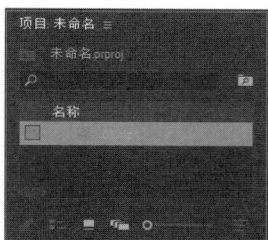

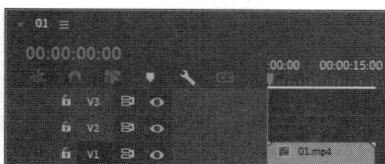

图 6-110   图 6-111

（3）选择"剪辑>速度/持续时间"命令，在弹出的对话框中将"速度"设置为 150%，如图 6-112 所示，单击"确定"按钮，"时间轴"面板如图 6-113 所示。

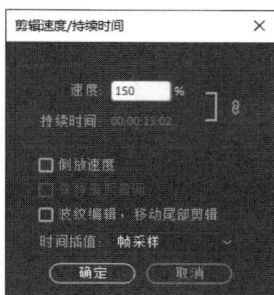

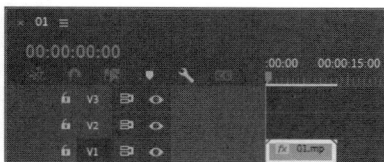

图 6-112   图 6-113

（4）选择"基本图形"面板，单击"编辑"选项卡，单击"新建图层"按钮 ，在弹出的菜单中选择"矩形"命令，在"节目"窗口中生成矩形，如图 6-114 所示。在"时间轴"面板中的"V2"轨道中生成图形文件，如图 6-115 所示。

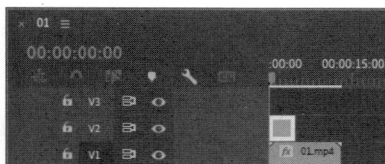

图 6-114   图 6-115

（5）在"基本图形"面板中选择"形状 01"图层，在"外观"栏中将"填充"设置为黑色，"对齐并变换"栏中的设置如图 6-116 所示，"节目"窗口中的矩形如图 6-117 所示。

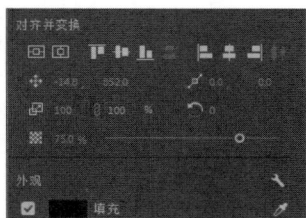

图 6-116   图 6-117

（6）在"节目"窗口中调整矩形的长宽比，如图 6-118 所示。将鼠标指针放在"图形"文件的结束位置，当鼠标指针呈 形状时，向右拖曳到"01"文件的结束位置，如图 6-119 所示。

图 6-118

图 6-119

（7）选择"文件>新建>旧版标题"命令，弹出"新建字幕"对话框，如图 6-120 所示，单击"确定"按钮，弹出"字幕"面板。选择"旧版标题工具"面板中的"文字"工具 T，在"字幕"面板中单击并输入需要的文字，设置适当的字体和文字大小，如图 6-121 所示。在"项目"面板中生成"字幕 01"文件。

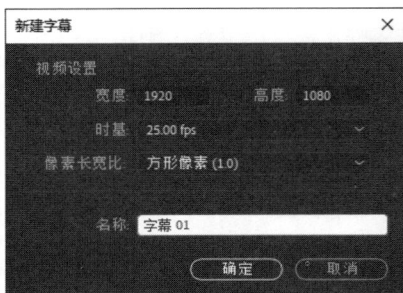

图 6-120

图 6-121

（8）在"字幕"面板中单击"滚动/游动选项"按钮，在弹出的对话框中选中"向左游动"单选项，在"定时（帧）"栏中勾选"开始于屏幕外"复选框和"结束于屏幕外"复选框，如图 6-122 所示，单击"确定"按钮，"字幕"面板如图 6-123 所示。

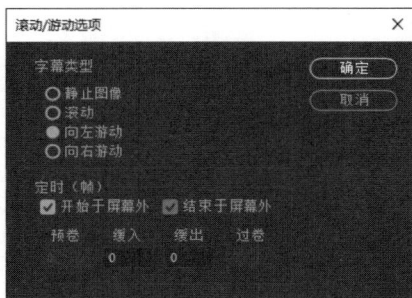

图 6-122

图 6-123

（9）在"项目"面板中，选中"字幕 01"文件并将其拖曳到"时间轴"面板中的"V3"轨道中，如图 6-124 所示。将鼠标指针放在"字幕 01"文件的结束位置，当鼠标指针呈 形状时，向右拖曳到"图形"文件的结束位置，如图 6-125 所示。动物世界纪录片的滚动字幕制作完成。

图 6-124

图 6-125

6.3.2　制作垂直滚动字幕

制作垂直滚动字幕的具体操作步骤如下。

1．在"字幕"面板中制作垂直滚动字幕

（1）启动 Premiere Pro 2021，在"项目"面板中导入素材并将其添加到"时间轴"面板中的视频轨道上。

（2）选择"文件>新建>旧版标题"命令，弹出"新建字幕"对话框，单击"确定"按钮。

（3）选择"旧版标题工具"面板中的"文字"工具 T，在"字幕"面板中拖曳文本框，输入需要的文字并对属性进行相应的设置，如图 6-126 所示。

（4）在"字幕"面板中单击"滚动/游动选项"按钮 ，在弹出的对话框中选中"滚动"单选项，在"定时（帧）"栏中勾选"开始于屏幕外"复选框和"结束于屏幕外"复选框，其他设置如图 6-127 所示，单击"确定"按钮。

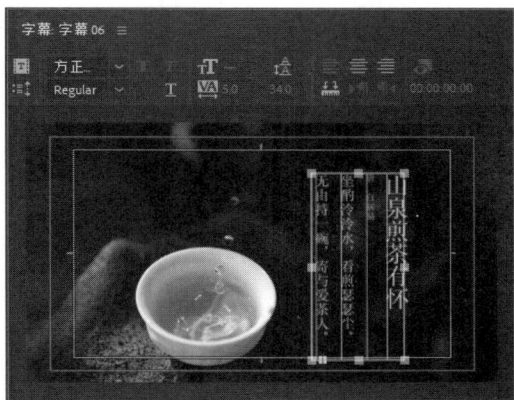

图 6-126

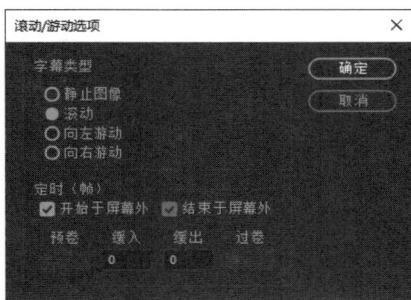

图 6-127

（5）制作的字幕会自动保存在"项目"面板中。从"项目"面板中将新建的字幕添加到"时间轴"面板的"V2"轨道上，并将其调整为与"V1"轨道中的素材等长，如图 6-128 所示。

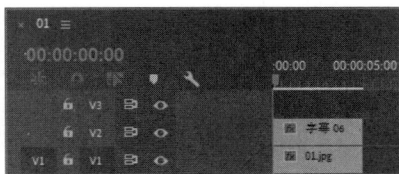

图 6-128

（6）单击"节目"窗口下方的"播放-停止切换"按钮 ／ ，即可预览字幕的垂直滚动效果，如图 6-129 和图 6-130 所示。

图 6-129

图 6-130

2．在"基本图形"面板中制作垂直滚动字幕

在"基本图形"面板中取消文字图层的选取状态，如图 6-131 所示。勾选"滚动"复选框，在弹出的选项中设置滚动选项，可以制作垂直滚动字幕，如图 6-132 所示。

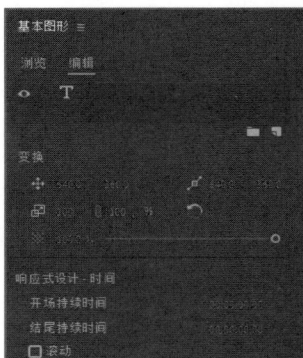

图 6-131

图 6-132

6.3.3 制作水平滚动字幕

制作水平滚动字幕与制作垂直滚动字幕的操作基本相同，具体操作步骤如下。

（1）启动 Premiere Pro 2021，在"项目"面板中导入素材并将其添加到"时间轴"面板中的视频轨道上。

（2）选择"文件>新建>旧版标题"命令，弹出"新建字幕"对话框，单击"确定"按钮。

（3）选择"旧版标题工具"中的"文字"工具 **T**，在"字幕"面板中单击并输入需要的文字，并设置字幕样式和属性，如图 6-133 所示。

（4）单击"字幕"面板左上方的"滚动/游动选项"按钮 ▦，在弹出的对话框中选中"向左游动"单选项，设置如图 6-134 所示，单击"确定"按钮。

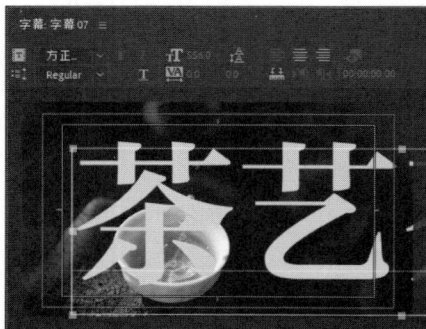

图 6-133

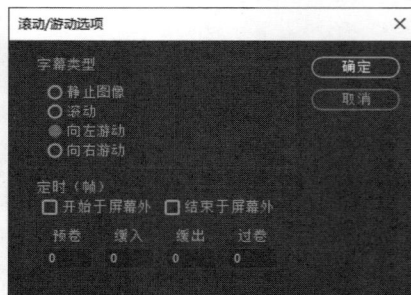

图 6-134

（5）制作的字幕会自动保存在"项目"面板中。从"项目"面板中将新建的字幕添加到"时间轴"面板的"V3"轨道上，如图 6-135 所示。选择"效果"面板，展开"视频效果"，单击"键控"效果前面的▶按钮将其展开，选中"轨道遮罩键"效果，如图 6-136 所示。

（6）将"轨道遮罩键"效果拖曳到"时间轴"面板"V2"轨道中的"02"文件上。选择"效果控件"面板，展开"轨道遮罩键"栏，设置如图 6-137 所示。

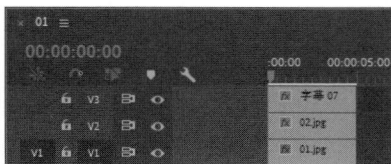
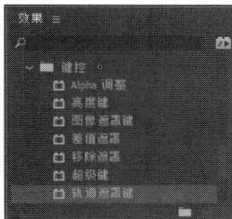
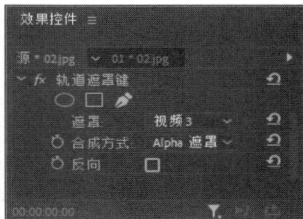

图 6-135　　　　　　　　图 6-136　　　　　　　　图 6-137

（7）单击"节目"窗口下方的"播放-停止切换"按钮▶/■，即可预览字幕的水平滚动效果，如图 6-138 和图 6-139 所示。

图 6-138　　　　　　　　图 6-139

课堂练习——制作霞浦旅游宣传片片头的消散文字

🔗 练习知识要点

使用"导入"命令导入素材文件，使用"旧版标题"命令和"字幕"面板添加字幕，使用"旧版标题属性"面板编辑字幕，使用"自动颜色"效果和"快速颜色校正器"效果调整素材颜色，使用"粗糙边缘"效果和"效果控件"面板制作消散文字，最终效果如图 6-140 所示。

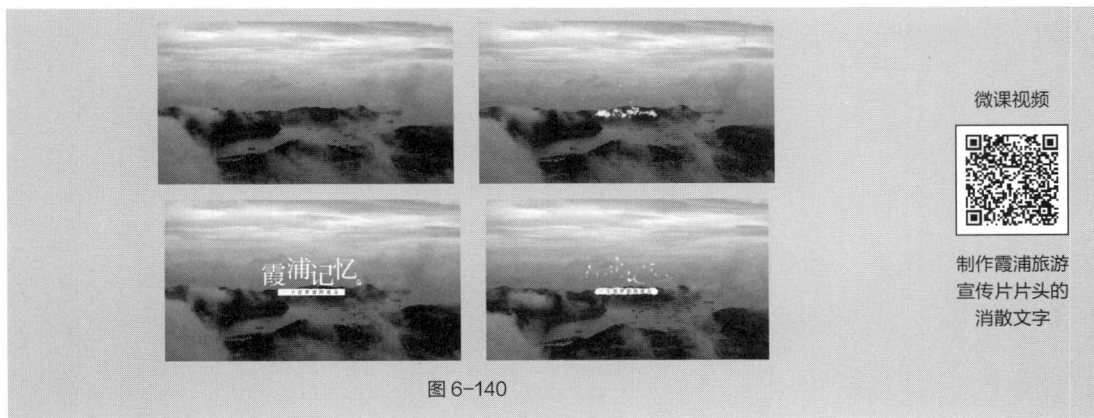

微课视频

制作霞浦旅游
宣传片片头的
消散文字

图 6-140

◎ **效果文件所在位置**

Ch06/制作霞浦旅游宣传片片头的消散文字/制作霞浦旅游宣传片片头的消散文字.prproj。

课后习题——制作京城故事宣传片片头的模糊文字

✎ **习题知识要点**

使用"导入"命令导入素材文件，使用"文字"工具添加文字，使用"基本图形"面板编辑文字，使用"快速颜色校正器"效果调整素材颜色，使用"高斯模糊"效果和"效果控件"面板制作模糊文字，最终效果如图 6-141 所示。

微课视频

制作京城故事
宣传片片头的
模糊文字

图 6-141

◎ **效果文件所在位置**

Ch06/制作京城故事宣传片片头的模糊文字/制作京城故事宣传片片头的模糊文字.prproj。

07

第 7 章
添加与调整音频

本章对音频及音频效果的应用与编辑进行讲解，重点讲解音轨混合器、调节音频及添加音频效果等操作。通过对本章内容的学习，读者可以快速掌握 Premiere Pro 2021 的音频效果制作方法。

学习目标

◇ 了解音频效果。
◇ 掌握使用音轨混合器调节音频的方法。
◇ 熟练掌握调节音频的技巧。
◇ 掌握编辑音频的方法。
◇ 了解分离和链接视音频的方法。
◇ 掌握添加音频效果的技巧。

技能目标

◇ 掌握丹霞地貌宣传片的音效的调整方法。
◇ 掌握都市生活短视频片头的音频的合成方法。
◇ 掌握动物世界宣传片的音频效果的添加方法。

素养目标

◇ 培养对不同音效具备的对的情感和氛围影响程度的理解能力。
◇ 培养根据不同视频内容添加相适配的音效创造力。
◇ 培养准确把控音效质量、确保视听效果的能力。

7.1 关于音频效果

Premiere Pro 2021 中不仅可以编辑音频素材、添加音效、单声道混音、制作立体声和 5.1 环绕声，还可以使用"时间轴"面板进行音频的合成工作。同时，该软件还提供了一些处理方法，如声音的摇摆和声音的渐变等。

在 Premiere Pro 2021 中对音频素材进行处理主要有以下 3 种方式。

（1）在"时间轴"面板的音频轨道上通过修改关键帧的方式对音频素材进行操作，如图 7-1 所示。

（2）使用菜单中相应的命令来编辑所选的音频素材，如图 7-2 所示。

图 7-1

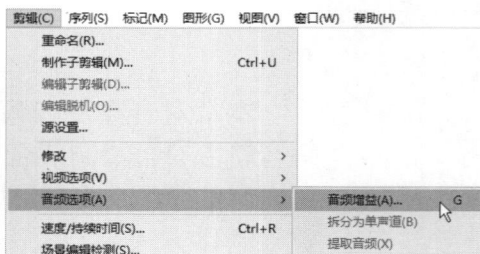

图 7-2

（3）在"效果"面板中展开"音频效果"，如图 7-3 所示，可以为音频添加音频效果。

（4）选择"编辑>首选项>音频"命令，在弹出的"首选项"对话框的"音频"选项卡中，可以对音频素材的使用进行初始设置，如图 7-4 所示。

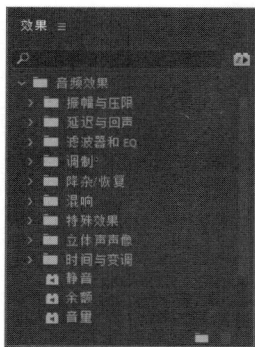

图 7-3

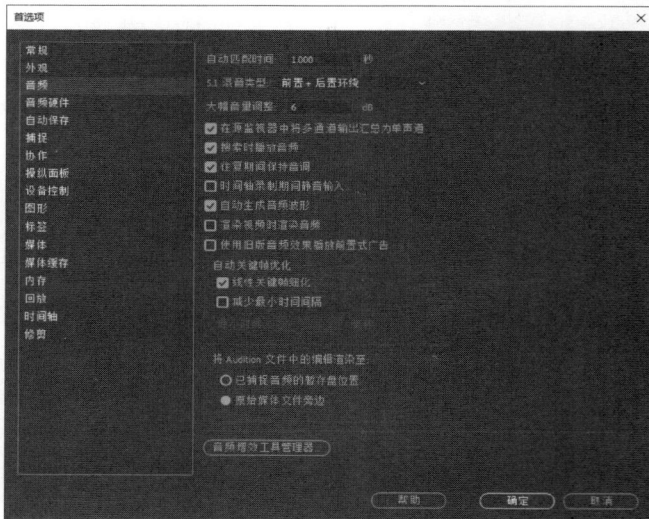

图 7-4

7.2 音轨混合器

Premiere Pro 2021 具有较强的处理音频的能力，"音轨混合器"面板可以实时混合"时间轴"面板中各轨道的音频对象，还可以选择相应的音频控制器进行调节，如图 7-5 所示。

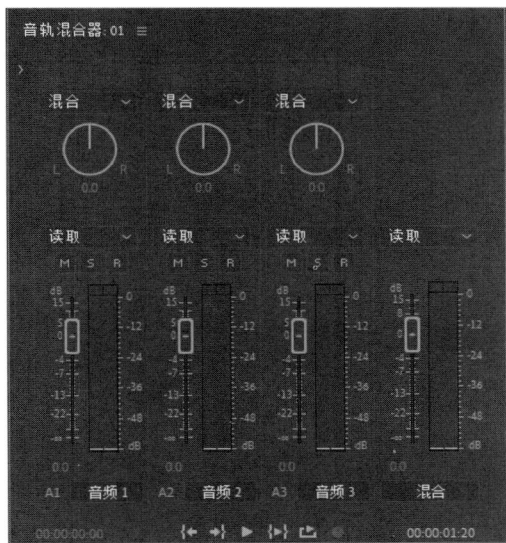

图 7-5

7.2.1　认识"音轨混合器"面板

"音轨混合器"面板由若干个轨道音频控制器、主音频控制器和播放控制器组成，每个控制器使用控制按钮和调节滑杆调节音频。

1．轨道音频控制器

"音轨混合器"面板中的轨道音频控制器用于调节相应轨道上的音频对象，控制器 1 对应"A1"、控制器 2 对应"A2"，依此类推。轨道音频控制器的数目由"时间轴"面板中的音频轨道数目决定，当在"时间轴"面板中添加音频时，"音轨混合器"面板中将自动添加一个轨道音频控制器与其对应。

轨道音频控制器由控制按钮、声音调节滑轮及音量调节滑杆组成。

（1）控制按钮。轨道音频控制器中的控制按钮可以调节音频状态，如图 7-6 所示。

单击"静音轨道"按钮 M，将该轨道音频设置为静音状态。

单击"独奏轨道"按钮 S，其他未选中该按钮的轨道音频会被自动设置为静音状态。

激活"启用轨道以进行录制"按钮 R，可以利用输入设备将声音录制到目标轨道上。

（2）声音调节滑轮。如果对象为双声道音频，可以使用声音调节滑轮调节播放声道，如图 7-7 所示。向左拖曳滑轮，输出到左声道（L）；向右拖曳滑轮，输出到右声道（R）。

图 7-6

图 7-7

（3）音量调节滑杆。通过音量调节滑杆可以控制当前轨道音频的音量，Premiere Pro 2021 以分贝数显示音量，如图 7-8 所示。向上拖曳滑杆，可以增大音量；向下拖曳滑杆，可以减小音量。下方数值栏中显示当前音量，也可直接在数值栏中输入声音分贝数。播放音频时，面板左侧为音量表，显示音频播放时的音量大小；音量表顶部的小方块显示系统所能处理的音量极限，当方块显示为红色时，表示该音频的音量超过极限，音量过大。

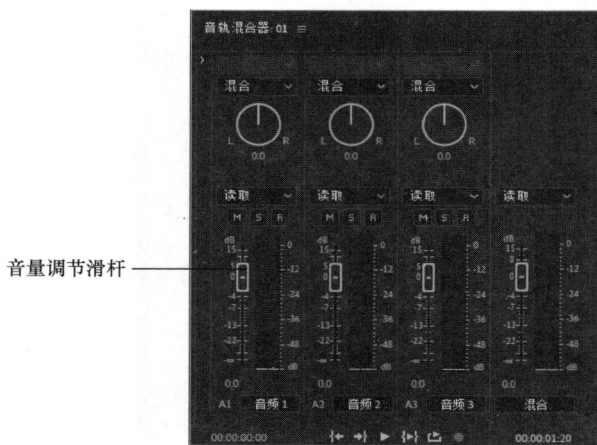

图 7-8

音量调节滑杆

2. 主音频控制器

使用主音频控制器可以调节"时间轴"面板中所有轨道上的音频。主音频控制器的使用方法与
轨道音频控制器的相同。

3. 播放控制器

播放控制器用于控制音频播放，如图 7-9 所示。

图 7-9

7.2.2 设置"音轨混合器"面板

单击"音轨混合器"面板左上方的 按钮，在弹出的菜单中对面板进行相关设置，如图 7-10
所示，部分命令介绍如下。

（1）显示/隐藏轨道：选择此命令，在弹出的图 7-11 所示的对话框中，可以对"音轨混合器"
面板中的轨道进行隐藏或显示。

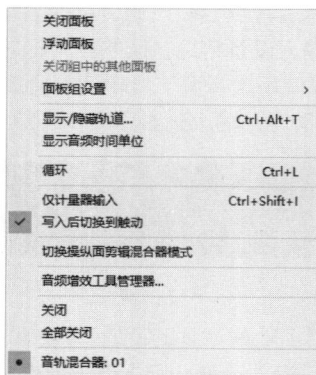

图 7-10

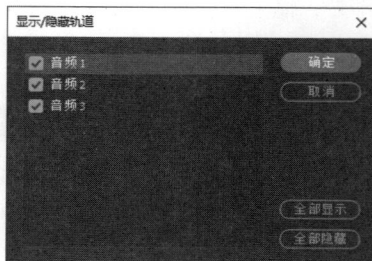

图 7-11

（2）显示音频时间单位：可以在时间标尺上以音频单位进行显示。

（3）循环：在被选定的情况下，系统会循环播放音频。

7.3   调节音频

"时间轴"面板的每个音频轨道上都有音频淡化器,用户可通过音频淡化器调节音频素材的电平。音频淡化器的初始状态为中低音量,相当于录音机表中的 0 dB。

在 Premiere Pro 2021 中,对音频的调节分为"剪辑"调节和"轨道"调节。进行"剪辑"调节时,音频的改变仅对当前的剪辑素材有效,删除剪辑素材后,调节效果就消失了;而"轨道"调节针对当前音频轨道进行调节,所有在当前音频轨道上的音频素材都会在调节范围内受到影响。使用实时记录的时候,则只能针对音频轨道进行调节。

在"时间轴"面板的音频轨道左侧单击 ⭘. 按钮,在弹出的列表中选择音频轨道的调节内容,如图 7-12 所示。

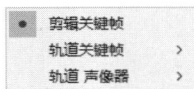

> ● 剪辑关键帧
>   轨道关键帧   >
>   轨道 声像器   >

图 7-12

7.3.1   课堂案例——调整丹霞地貌宣传片的音效

案例学习目标

学习通过编辑音频制作淡入淡出效果的方法。

案例知识要点

使用"导入"命令导入素材文件,使用"色阶"效果调整视频颜色,使用"不透明度"调整文字的渐显效果,使用"效果控件"面板调整音频的淡入淡出效果,最终效果如图 7-13 所示。

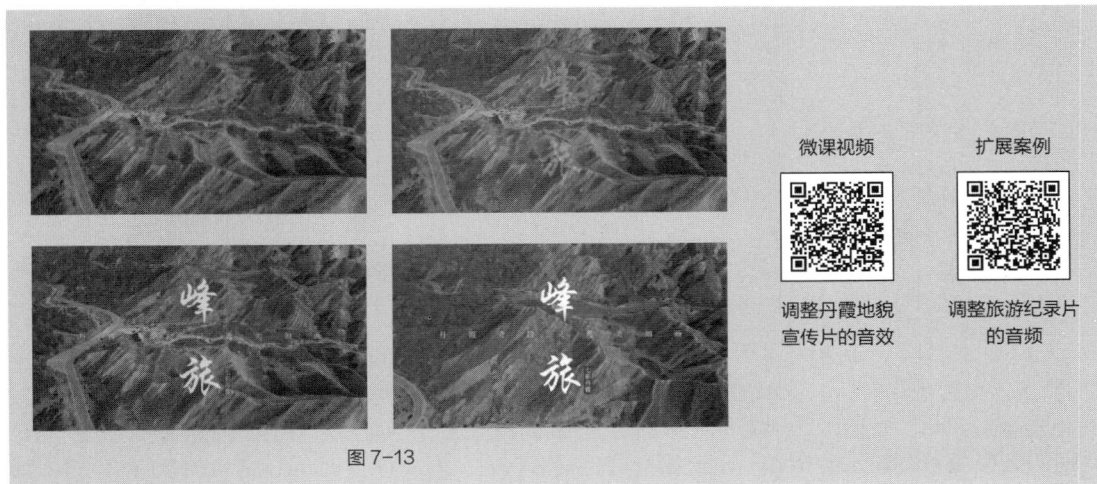

微课视频   扩展案例

调整丹霞地貌
宣传片的音效

调整旅游纪录片
的音频

图 7-13

效果文件所在位置

Ch07/调整丹霞地貌宣传片的音效/调整丹霞地貌宣传片的音效.prproj。

（1）启动 Premiere Pro 2021，选择"文件>新建>项目"命令，弹出"新建项目"对话框，如图 7-14 所示，单击"确定"按钮，新建项目。选择"文件>新建>序列"命令，弹出"新建序列"对话框，选择需要的序列预设，如图 7-15 所示，单击"确定"按钮，新建序列。

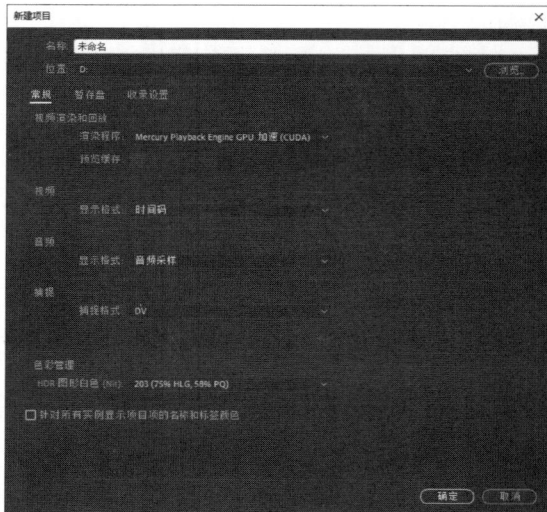

图 7-14

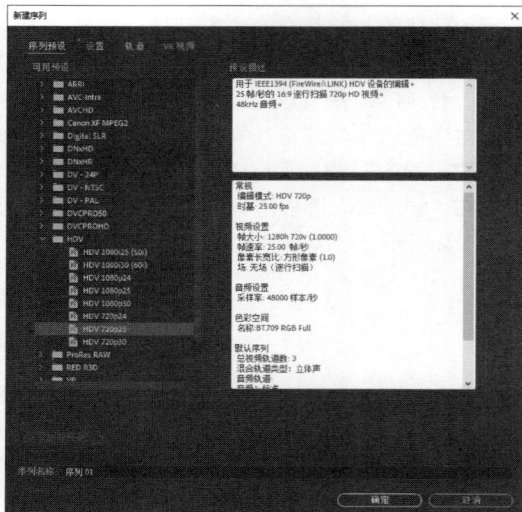

图 7-15

（2）选择"文件>导入"命令，弹出"导入"对话框，选择云盘中的"Ch07/调整丹霞地貌宣传片的音效/素材/01～03"文件，如图 7-16 所示，单击"打开"按钮，将素材文件导入"项目"面板中，如图 7-17 所示。

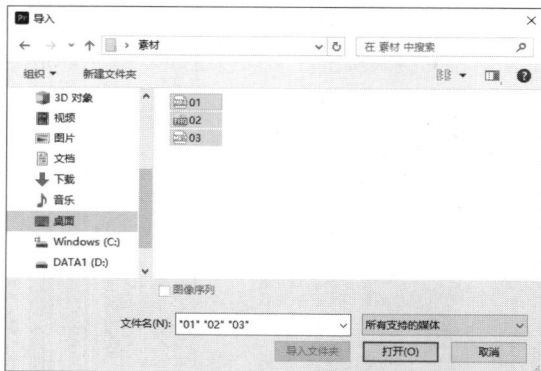

图 7-16

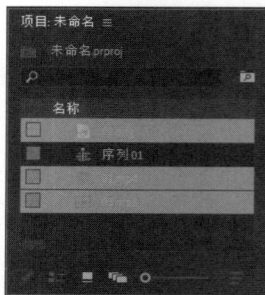

图 7-17

（3）在"项目"面板中，选中"01"文件并将其拖曳到"时间轴"面板的"V1"轨道中，弹出"剪辑不匹配警告"对话框，单击"保持现有设置"按钮，在保持现有序列设置的情况下将"01"文件放置在"V1"轨道中，如图 7-18 所示。将时间标签放置在 00:00:10:00 的位置。单击"01"文件的结束位置，显示编辑点。当鼠标指针呈◀形状时，向左拖曳到 00:00:10:00 的位置，如图 7-19 所示。

（4）将"项目"面板中的"02"文件拖曳到"时间轴"面板的"V2"轨道中，如图 7-20 所示。单击"02"文件的结束位置，显示编辑点，当鼠标指针呈◀形状时，向右拖曳到"01"文件的结束位置，如图 7-21 所示。

图 7-18

图 7-19

图 7-20

图 7-21

（5）将时间标签放置在 00：00：00：00 的位置。选中"时间轴"面板中的"01"文件。选择"效果控件"面板，展开"运动"栏，将"缩放"设置为 70.0，如图 7-22 所示。

（6）选择"效果"面板，展开"视频效果"，单击"调整"效果前面的 > 按钮将其展开，选中"色阶"效果，如图 7-23 所示。将"色阶"效果拖曳到"时间轴"面板的"01"文件上。选择"效果控件"面板，展开"色阶"栏，将"（RGB）输入黑色阶"设置为 40，如图 7-24 所示。

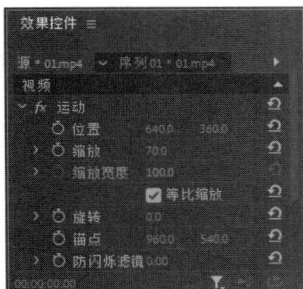
图 7-22

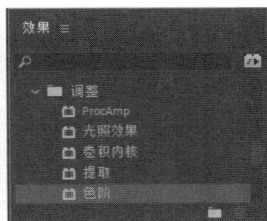
图 7-23

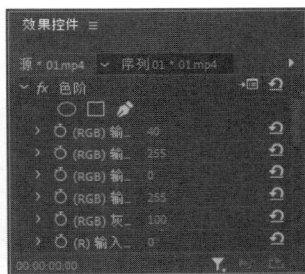
图 7-24

（7）选中"时间轴"面板中的"02"文件。在"效果控件"面板中，展开"不透明度"栏，将"不透明度"设置为 0.0%，单击"不透明度"选项左侧的"切换动画"按钮 ，如图 7-25 所示，记录第 1 个动画关键帧。将时间标签放置在 00：00：00：16 的位置，将"不透明度"设置为 100.0%，如图 7-26 所示，记录第 2 个动画关键帧。

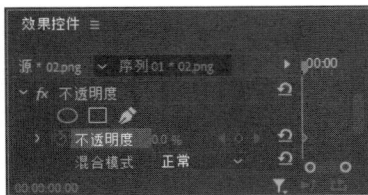
图 7-25

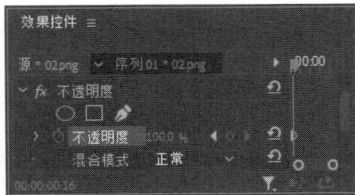
图 7-26

（8）将"项目"面板中的"03"文件拖曳到"时间轴"面板的"A1"轨道中，如图 7-27 所示。单击"03"文件的结束位置，显示编辑点，当鼠标指针呈 形状时，向左拖曳到"01"文件的结束位置，如图 7-28 所示。

图 7-27　　　　　　　　　　　图 7-28

（9）将时间标签放置在 00:00:00:00 的位置，选中"时间轴"面板中的"03"文件。在"效果控件"面板中，展开"音量"栏，将"级别"设置为−999.0，如图 7-29 所示，记录第 1 个动画关键帧。将时间标签放置在 00:00:00:16 的位置，将"级别"设置为 0.0 dB，如图 7-30 所示，记录第 2 个动画关键帧。

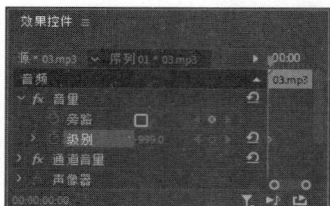
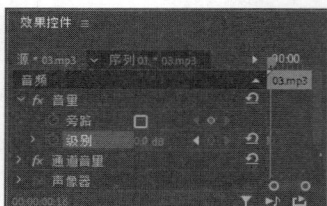

图 7-29　　　　　　　　　　　图 7-30

（10）将时间标签放置在 00:00:09:15 的位置。单击"添加/移除关键帧"按钮，如图 7-31所示，记录第 3 个动画关键帧。将时间标签放置在 00:00:10:00 的位置，将"级别"设置为−999.0，如图 7-32 所示，记录第 4 个动画关键帧。

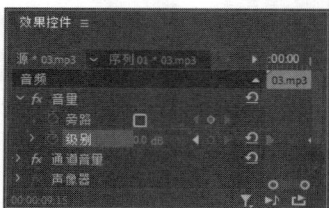
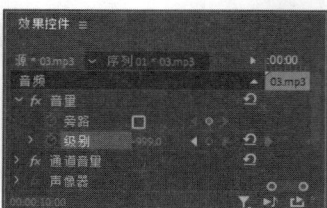

图 7-31　　　　　　　　　　　图 7-32

（11）选择"效果"面板，展开"音频效果"，单击"滤波器和 EQ"效果前面的▶按钮将其展开，选中"高音"效果，如图 7-33 所示。将"高音"效果拖曳到"时间轴"面板的"03"文件上。选择"效果控件"面板，展开"高音"栏，将"增加"设置为 5.0dB，如图 7-34 所示。

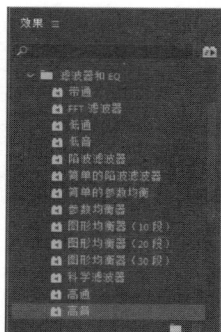
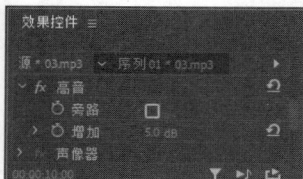

图 7-33　　　　　　　　　　　图 7-34

（12）选择"效果"面板，选中"低通"效果，如图 7-35 所示。将"低通"效果拖曳到"时间轴"面板的"03"文件上。选择"效果控件"面板，展开"低通"栏，将"切断"设置为 1373.5Hz，如图 7-36 所示。

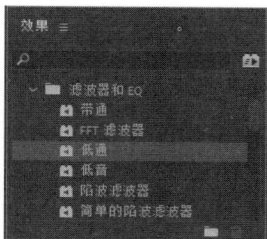 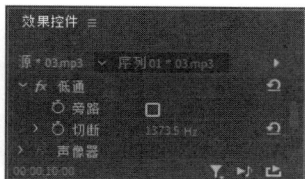

图 7-35　　　　　　　　　图 7-36

（13）选择"效果"面板，选中"余额"效果，如图 7-37 所示。将"余额"效果拖曳到"时间轴"面板的"03"文件上。选择"效果控件"面板，展开"余额"栏，将"余额"设置为 12.000，如图 7-38 所示。丹霞地貌宣传片的音效调整完成。

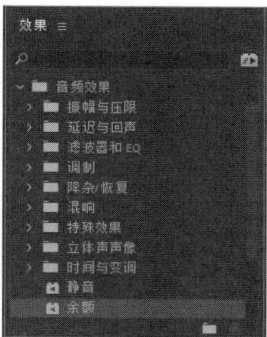 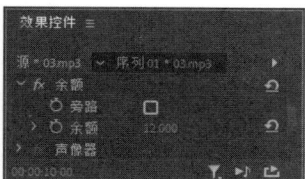

图 7-37　　　　　　　　　图 7-38

7.3.2　使用"时间轴"面板调节音频

（1）在默认情况下，"时间轴"面板的音频轨道卷展栏处于关闭状态，如图 7-39 所示。双击轨道左侧的空白处，可展开轨道，如图 7-40 所示。

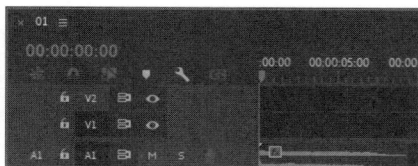 

图 7-39　　　　　　　　　图 7-40

（2）选择"选择"工具 ▶，用该工具拖曳音频素材（或轨道）上的白线即可调节音量，如图 7-41 所示。

（3）在按住 Ctrl 键的同时，将鼠标指针移动到音频淡化器上，鼠标指针将变为带有"+"的箭头，单击可添加关键帧，如图 7-42 所示。

（4）根据需要添加多个关键帧。拖曳关键帧，关键帧之间的线将指示音频素材是淡入还是淡出：一条递增的线表示音频淡入，一条递减的线表示音频淡出，如图 7-43 所示。

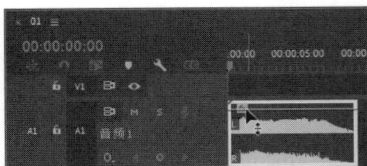

图 7-41

图 7-42

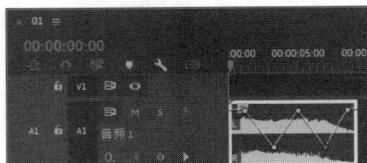

图 7-43

7.3.3　使用"音轨混合器"面板调节音频

使用"音轨混合器"面板调节音量非常方便，用户可以在播放音频时实时进行音量调节。

使用"音轨混合器"面板调节音频的方法如下。

（1）在"时间轴"面板的音频轨道左侧单击 按钮，在弹出的列表中选择"轨道关键帧 > 音量"选项。

（2）在"音轨混合器"面板上方需要进行调节的轨道上单击"自动模式"下拉列表，在弹出的下拉列表中选择"写入"选项，如图 7-44 所示。

（3）单击"音轨混合器"面板中的"播放-停止切换"按钮 ，开始播放，拖曳音量调节滑杆进行调节，调节完成后，"时间轴"面板中会自动记录结果，如图 7-45 所示。

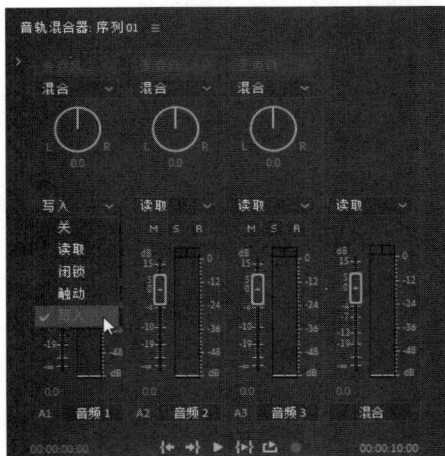

图 7-44

图 7-45

7.4　编辑音频

将所需要的音频导入"项目"面板后，可以对音频素材进行编辑。本节介绍对音频素材的编辑处理和各种操作方法。

7.4.1 课堂案例——合成都市生活短视频片头的音频

案例学习目标

学习编辑音频时调整声道、速度与音调的方法。

案例知识要点

使用"导入"命令导入素材文件，使用"球面化"效果、"线性擦除"效果和"效果控件"面板制作文字动画，使用"速度/持续时间"命令调整音频，使用"余额"效果调整音频效果，最终效果如图 7-46 所示。

图 7-46

微课视频

合成都市生活
短视频片头的
音频

扩展案例

声音的变调与
变速

效果文件所在位置

Ch07/合成都市生活短视频片头的音频/合成都市生活短视频片头的音频.prproj。

1. 调整素材并制作字幕

（1）启动 Premiere Pro 2021，选择"文件>新建>项目"命令，弹出"新建项目"对话框，如图 7-47 所示，单击"确定"按钮，新建项目。

（2）选择"文件>导入"命令，弹出"导入"对话框，选择云盘中的"Ch07/合成都市生活短视频片头的音频/素材/01～04"文件，如图 7-48 所示，单击"打开"按钮，将素材文件导入"项目"面板中，如图 7-49 所示。将"项目"面板中的"01"文件拖曳到"时间轴"面板的"V1"轨道中，生成"01"序列，如图 7-50 所示。

（3）将时间标签放置在 00:00:03:00 的位置。将鼠标指针放在"01"文件的结束位置，当鼠标指针呈 形状时，向左拖曳到 00:00:03:00 的位置，如图 7-51 所示。

（4）双击"项目"面板中的"02"文件，在"源"窗口中打开"02"文件。将时间标签放置在 00:00:01:24 的位置，按 O 键，创建出点，如图 7-52 所示。

（5）选中"源"窗口中的"02"文件并将其拖曳到"时间轴"面板的"V1"轨道中，如图 7-53 所示。选中"源"窗口，选择"标记>清除入点和出点"命令，消除入点和出点，如图 7-54 所示。

图 7-47

图 7-48

图 7-49

图 7-50

图 7-51

图 7-52

图 7-53

图 7-54

（6）将时间标签放置在00:00:04:12的位置，按 I 键，创建入点。将时间标签放置在00:00:06:11的位置，按 O 键，创建出点，如图 7-55 所示。选中"源"窗口中的"02"文件并将其拖曳到"时间轴"面板的"V1"轨道中，如图 7-56 所示。

图 7-55

图 7-56

（7）选择"文件>新建>旧版标题"命令，弹出"新建字幕"对话框，如图 7-57 所示，单击"确定"按钮，弹出"字幕"面板。选择"旧版标题工具"面板中的"文字"工具 **T**，在"字幕"面板中单击并输入需要的文字，如图 7-58 所示。

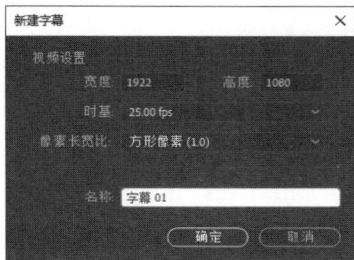

图 7-57

图 7-58

（8）在"旧版标题属性"面板中，展开"属性"栏，设置如图 7-59 所示。展开"描边"栏，单击"内描边"右侧的"添加"按钮，将"颜色"设置为白色，其他设置如图 7-60 所示，"字幕"面板中的效果如图 7-61 所示。在"项目"面板中生成"字幕 01"文件。

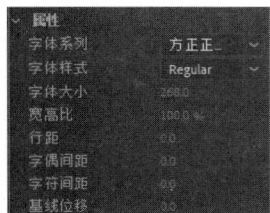

图 7-59

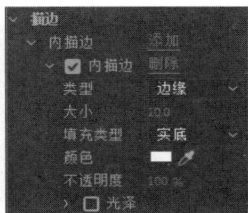

图 7-60

图 7-61

（9）选择"项目"面板中生成的"字幕 01"文件，按 Ctrl+C 组合键，复制文件。按 Ctrl+V 组合键，粘贴文件，如图 7-62 所示，并重命名为"字幕 02"。双击"字幕 02"文件，弹出"字幕"面板。单击"内描边"右侧的"删除"按钮，删除描边。展开"填充"栏，将"颜色"设置为白色，如图 7-63 所示，"字幕"面板中的效果如图 7-64 所示。

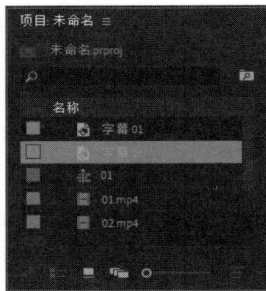
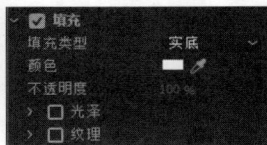

图 7-62　　　　　　　图 7-63　　　　　　　　　　图 7-64

（10）将时间标签放置在 00：00：00：17 的位置。选择"项目"面板中生成的"字幕 01"文件，将其拖曳到"时间轴"面板的"V2"轨道中，如图 7-65 所示。选择"项目"面板中生成的"字幕 02"文件，将其拖曳到"时间轴"面板的"V3"轨道中，如图 7-66 所示。

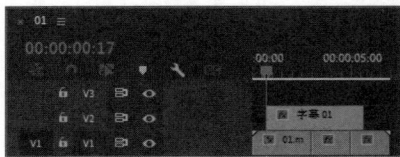
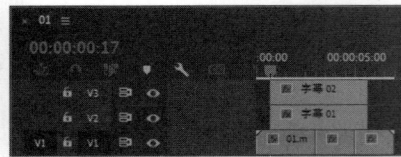

图 7-65　　　　　　　　　　　　图 7-66

2．添加视频效果和过渡

（1）选择"效果"面板，展开"视频效果"，单击"扭曲"效果前面的▶按钮将其展开，选中"球面化"效果，如图 7-67 所示。将"球面化"效果拖曳到"时间轴"面板中的"字幕 02"文件上。

（2）在"效果控件"面板中，展开"球面化"栏，将"半径"设置为 250.0，将"球面中心"设置为 258.0 和 540.0，单击"球面中心"选项左侧的"切换动画"按钮 ，如图 7-68 所示，记录第 1 个动画关键帧。

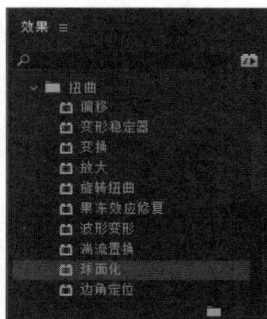

图 7-67　　　　　　　　　图 7-68

（3）将时间标签放置在 00:00:04:17 的位置。在"效果控件"面板中，将"球面中心"设置为 1683.0 和 540.0，记录第 2 个动画关键帧，如图 7-69 所示。

（4）选择"效果"面板，单击"过渡"效果前面的 ▶ 按钮将其展开，选中"线性擦除"效果，如图 7-70 所示。将"线性擦除"效果拖曳到"时间轴"面板中的"字幕 02"文件上。

图 7-69

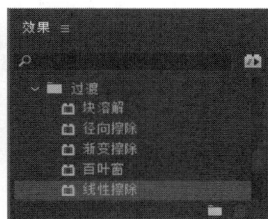

图 7-70

（5）将时间标签放置在 00:00:00:17 的位置。在"效果控件"面板中，展开"线性擦除"栏，将"擦除角度"设置为 -90.0°，将"过渡完成"设置为 100%，单击"过渡完成"选项左侧的"切换动画"按钮 🔘，如图 7-71 所示，记录第 1 个动画关键帧。将时间标签放置在 00:00:04:17 的位置。在"效果控件"面板中，将"过渡完成"设置为 0%，记录第 2 个动画关键帧，如图 7-72 所示。

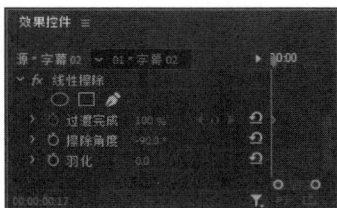

图 7-71

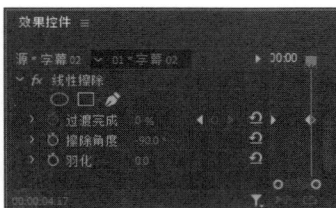

图 7-72

（6）选择"效果"面板，展开"视频过渡"，单击"溶解"效果前面的 ▶ 按钮将其展开，选中"交叉溶解"效果，如图 7-73 所示。将"交叉溶解"效果拖曳到"时间轴"面板中"01"文件的结束位置和第 1 个"02"文件的开始位置。再将其拖曳到"时间轴"面板中第 1 个"02"文件的结束位置和第 2 个"02"文件的开始位置，如图 7-74 所示。

图 7-73

图 7-74

3. 添加并调整音频

（1）选择"项目"面板中的"03"文件，将其拖曳到"时间轴"面板的"A1"轨道中，如图 7-75 所示。选择"时间轴"面板中的"03"文件。选择"剪辑>速度/持续时间"命令，弹出"剪辑速度/持续时间"对话框，设置如图 7-76 所示，单击"确定"按钮。

（2）将鼠标指针放在"03"文件的结束位置，当鼠标指针呈 ◄┃ 形状时，向左拖曳到"02"文件的结束位置，如图 7-77 所示。

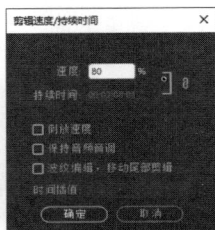

图 7-75　　　　　　图 7-76　　　　　　图 7-77

（3）选择"项目"面板中的"04"文件，将其拖曳到"时间轴"面板的"A2"轨道中，如图 7-78 所示。将鼠标指针放在"04"文件的结束位置，当鼠标指针呈 ◄┃ 形状时，向左拖曳到"03"文件的结束位置，如图 7-79 所示。

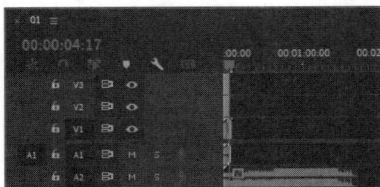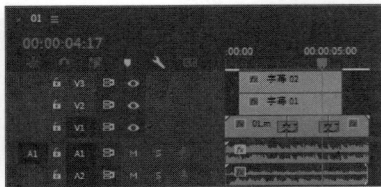

图 7-78　　　　　　　　　　图 7-79

（4）选择"效果"面板，展开"音频效果"，选中"余额"效果，如图 7-80 所示。将"余额"效果拖曳到"时间轴"面板中的"03"文件和"04"文件上。

（5）选择"时间轴"面板中的"03"文件，选择"效果控件"面板，展开"余额"栏，将"余额"设置为 50.000，如图 7-81 所示。选择"时间轴"面板中的"04"文件，选择"效果控件"面板，展开"余额"栏，将"余额"设置为-30.000，如图 7-82 所示。都市生活短视频片头的音频合成完成。

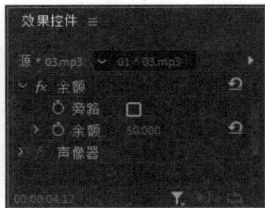

图 7-80　　　　　　图 7-81　　　　　　图 7-82

7.4.2　调整播放速度和持续时间

与视频素材的编辑一样，在应用音频素材时，也可以对其播放速度和持续时间进行修改。具体操作步骤如下。

（1）选中要调整的音频素材。选择"剪辑>速度/持续时间"命令，弹出"剪辑速度/持续时间"对话框，对音频素材的播放速度及持续时间进行调整，如图 7-83 所示，单击"确定"按钮。

（2）在"时间轴"面板中直接拖曳音频的边缘，可改变音频轨道上音频素材的长度。也可选择"剃刀"工具 ✎，将音频素材多余的部分切除，如图 7-84 所示。

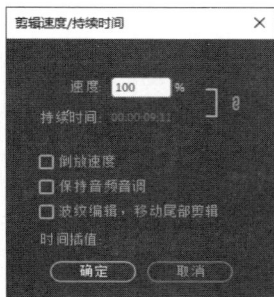

图 7-83

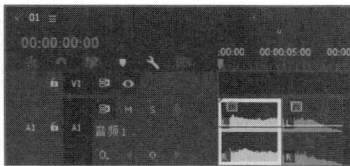

图 7-84

7.4.3 音频增益

音频增益指的是音频信号的声调高低。当一个视频片段同时拥有几段音频素材时，就需要平衡音频素材的增益。因为如果一段素材的音频信号太高或太低，会严重影响播放时的音频效果。调整音频增益的具体操作步骤如下。

（1）选择"时间轴"面板中需要调整的音频素材，如图 7-85 所示。

（2）选择"剪辑>音频选项>音频增益"命令，弹出"音频增益"对话框，如图 7-86 所示，下方的"峰值振幅"为软件自动计算的该素材的峰值振幅，可以作为调整增益的参考。

将增益设置为：可以设置增益为特定值。该值始终更新为当前增益，在未选中状态下也可显示。

调整增益值：可以调整增益值。"将增益设置为"的值会根据此值自动更新。

标准化最大峰值为：可以设置最大峰值振幅为低于 0.0 dB 的任何值。

标准化所有峰值为：可以设置峰值振幅为低于 0.0 dB 的任何值。

（3）完成设置后，可以通过"源"窗口查看处理后的音频的波形变化，播放修改后的音频素材，试听音频效果。

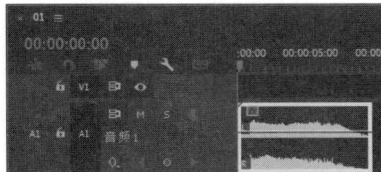

图 7-85

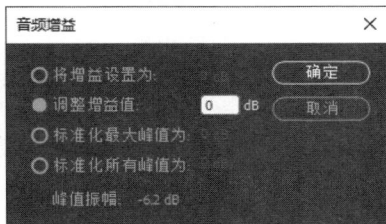

图 7-86

7.5 基本声音

选择"窗口>基本声音"命令，弹出"基本声音"面板，如图 7-87 所示。在面板中单击剪辑类型，如"对话""音乐""SFX""环境"，会弹出相应的选项，可以编辑、修复和提升声音效果。

　　单击"对话"按钮，弹出相应的选项，如图 7-88 所示，可以设置响度，降低"隆隆"声、消除"嗡嗡"声和齿声，提高对话轨道的清晰度，创建伪声效果，剪辑音量。

　　单击"音乐"按钮，弹出相应的选项，如图 7-89 所示，可以设置响度，调整持续时间，使用自动回避功能，剪辑音量。

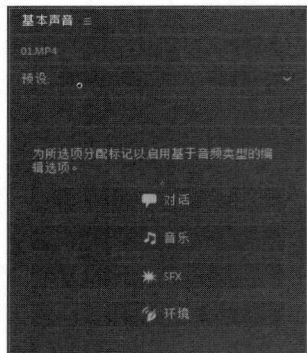
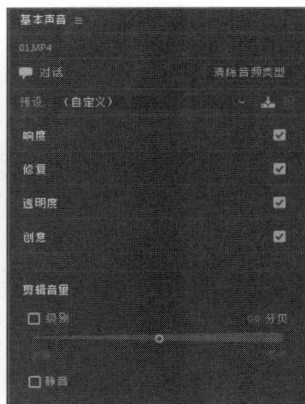
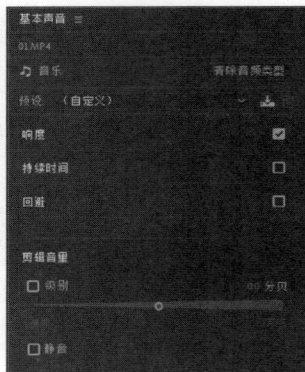

图 7-87　　　　　　　　　　　图 7-88　　　　　　　　　　　图 7-89

　　单击"SFX"按钮，弹出相应的选项，如图 7-90 所示，可以设置响度，创建混响效果，调整平移效果，剪辑音量。

　　单击"环境"按钮，弹出相应的选项，如图 7-91 所示，可以设置响度，创建混响效果，设置立体声宽度，使用自动回避功能，剪辑音量。

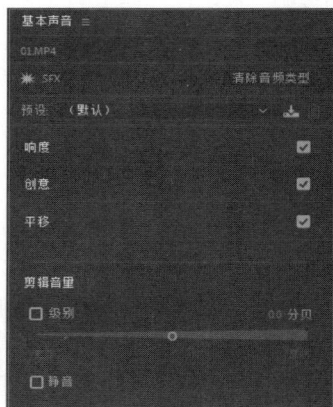
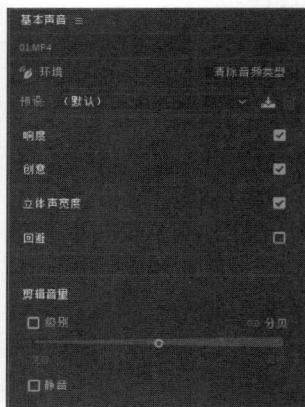

图 7-90　　　　　　　　　　　图 7-91

7.6　分离和链接视音频

　　在编辑工作中，经常需要将"时间轴"面板中的视音频链接素材的视频和音频分离。用户可以完全打断或者暂时释放链接素材的链接关系并重新设置各部分。

　　Premiere Pro 2021 中音频素材和视频素材有两种链接关系：硬链接和软链接。如果链接的视频和音频来自同一个影片文件，它们是硬链接，"项目"面板中只显示一段素材，硬链接是在素材输入 Premiere Pro 2021 之前就建立的，在"时间轴"面板中显示为相同的颜色，如图 7-92 所示。软链接是在"时间轴"面板建立的链接，用户可以在"时间轴"面板为音频素材和视频素材建立软链接，软链接类似于硬链接，但链接的素材在"项目"面板中保持着各自的完整性，在序列中显示为不同的颜色，如图 7-93 所示。

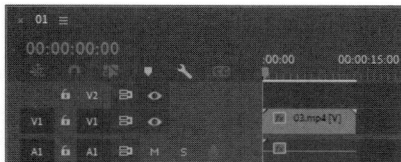

图 7-92

图 7-93

如果要打断链接在一起的视音频，可在轨道上选择对象，单击鼠标右键，在弹出的快捷菜单中选择"取消链接"命令，如图 7-94 所示。如果要把分离的视音频素材链接在一起作为一个整体进行操作，框选需要链接的视音频，单击鼠标右键，在弹出的快捷菜单中选择"链接"命令即可，如图 7-95 所示。

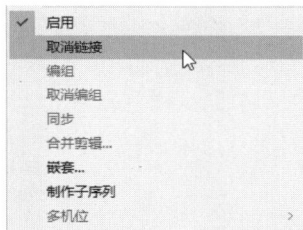

图 7-94

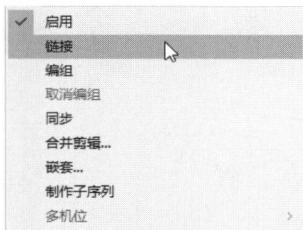

图 7-95

链接在一起的素材被断开后，分别移动音频和视频部分使其错位，然后链接在一起，系统会在片段上标记警告并标识错位的时间，如图 7-96 所示，负值表示向前偏移，正值表示向后偏移。

图 7-96

7.7　添加音频效果

Premiere Pro 2021 提供了 53 种音频效果，可以通过效果产生回声、合声及去除噪声等，还可以使用扩展的插件得到更多的控制。

7.7.1　课堂案例——添加动物世界宣传片的音频效果

案例学习目标

学习添加音频效果和编辑音频的高低音的方法。

🔒 案例知识要点

使用"缩放"改变文件大小，使用"色阶"效果调整图像亮度，使用"轨道关键帧"选项制作音频的淡出与淡入效果，使用"低通"效果制作音频低音效果，最终效果如图 7-97 所示。

微课视频

添加动物世界
宣传片的音频
效果

图 7-97

◉ 效果文件所在位置

Ch07/添加动物世界宣传片的音频效果/添加动物世界宣传片的音频效果.prproj。

（1）启动 Premiere Pro 2021，选择"文件>新建>项目"命令，弹出"新建项目"对话框，如图 7-98 所示，单击"确定"按钮，新建项目。选择"文件>新建>序列"命令，弹出"新建序列"对话框，单击"设置"选项卡，设置如图 7-99 所示，单击"确定"按钮，新建序列。

图 7-98

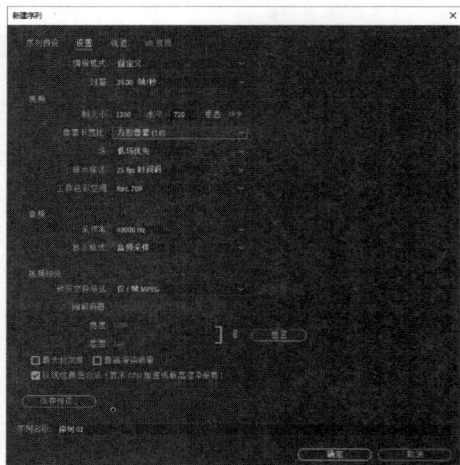

图 7-99

（2）选择"文件>导入"命令，弹出"导入"对话框，选择云盘中的"Ch07/添加动物世界宣传片的音频效果/素材/01 和 02"文件，如图 7-100 所示，单击"打开"按钮，将素材文件导入"项目"面板中，如图 7-101 所示。

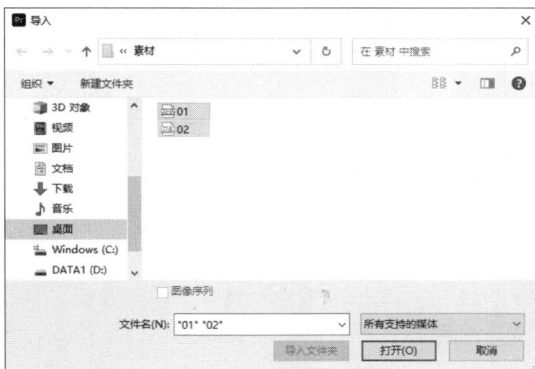
图 7-100

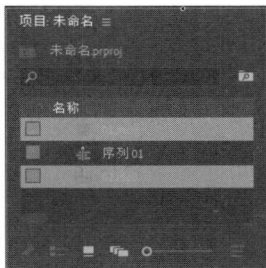
图 7-101

（3）在"项目"面板中，选中"01"文件并将其拖曳到"时间轴"面板的"V1"轨道中，弹出"剪辑不匹配警告"对话框，单击"保持现有设置"按钮，在保持现有序列设置的情况下将"01"文件放置在"V1"轨道中，如图 7-102 所示。选择"时间轴"面板中的"01"文件。选择"效果控件"面板，展开"运动"栏，将"位置"设置为 640.0 和 438.0，将"缩放"设置为 163.0，如图 7-103 所示。

图 7-102

图 7-103

（4）选择"效果"面板，展开"视频效果"，单击"调整"效果前面的▶按钮将其展开，选中"色阶"效果，如图 7-104 所示，将其拖曳到"时间轴"面板中的"01"文件上。选择"效果控件"面板，展开"色阶"栏，将"（RGB）输入黑色阶"设置为 50，将"（RGB）输入白色阶"设置为 196，其他设置如图 7-105 所示。

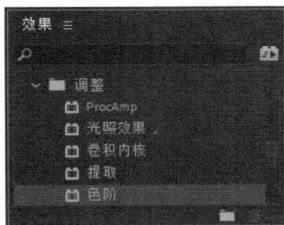
图 7-104

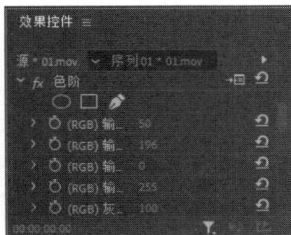
图 7-105

（5）在"项目"面板中选中"02"文件，将其拖曳到"时间轴"面板的"A1"轨道中，如图 7-106 所示。在"A1"轨道上选中"02"文件，将鼠标指针放在"02"文件的尾部，当鼠标指针呈◀形状时，向左拖曳到"01"文件的结束位置，如图 7-107 所示。

图 7-106

图 7-107

（6）在"时间轴"面板中选中"02"文件，在按住 Alt 键的同时，将"02"文件拖曳到"A2"轨道，复制文件，如图 7-108 所示。在"A1"轨道上的"02"文件上单击鼠标右键，在弹出的快捷菜单中选择"重命名"命令。弹出"重命名剪辑"对话框，设置如图 7-109 所示，单击"确定"按钮。

图 7-108

图 7-109

（7）展开"A1"轨道卷展栏，单击轨道左侧的"显示关键帧"按钮 ，在弹出的列表中选择"轨道关键帧>音量"选项，如图 7-110 所示。单击"02"文件前面的"添加/移除关键帧"按钮 ，添加第 1 个关键帧，在"时间轴"面板中将"02"文件中的关键帧移至最底层，如图 7-111 所示。

图 7-110

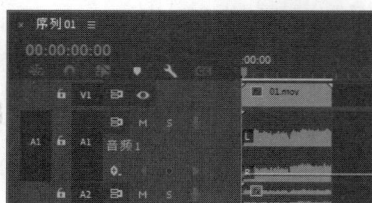
图 7-111

（8）将时间标签放置在 00:00:01:24 的位置。单击"A1"轨道中的"02"文件前面的"添加/移除关键帧"按钮 ，添加第 2 个关键帧。拖曳"02"文件中的关键帧至顶层，如图 7-112 所示。将时间标签放置在 00:00:05:24 的位置。单击"A1"轨道中的"02"文件前面的"添加/移除关键帧"按钮 ，如图 7-113 所示，添加第 3 个关键帧。

图 7-112

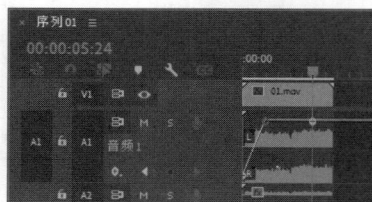
图 7-113

（9）将时间标签放置在 00:00:07:13 的位置。单击"A1"轨道中的"02"文件前面的"添加/移除关键帧"按钮 ，将"02"文件中的关键帧移至最底层，如图 7-114 所示，添加第 4 个关键帧。

（10）选择"效果"面板，展开"音频效果"，展开"滤波器和 EQ"，选中"低通"效果，如图 7-115 所示。将"低通"效果拖曳到"时间轴"面板"A2"轨道中的"低音效果"文件上。选择"效果控件"面板，展开"低通"栏，将"切断"设置为 367.5Hz，如图 7-116 所示。

图 7-114

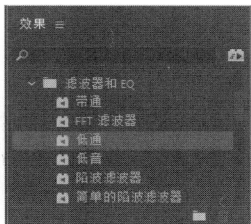
图 7-115

图 7-116

（11）选择"剪辑>音频选项>音频增益"命令，弹出"音频增益"对话框，设置如图 7-117 所示，单击"确定"按钮。选择"音轨混合器"面板，试听最终音频效果时会看到"A2"轨道的电平显示，如图 7-118 所示。动物世界宣传片的音频效果添加完成。

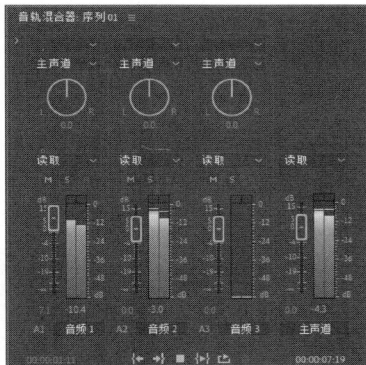

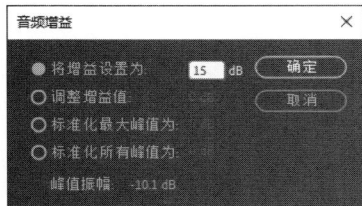
图 7-117

图 7-118

7.7.2 为素材添加效果

为音频素材添加效果的方法与视频素材的方法相同，这里不赘述。在"效果"面板中展开"音频效果"，选择音频效果添加并进行设置即可，如图 7-119 所示。展开"音频过渡"，选择音频过渡效果添加并进行设置即可，如图 7-120 所示。

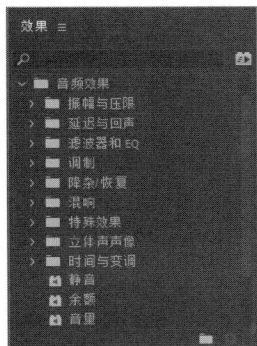
图 7-119

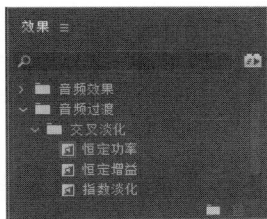
图 7-120

7.7.3　设置轨道效果

除了可以对轨道上的音频素材进行设置外，还可以直接为音频轨道添加效果。在"音轨混合器"面板中，单击左上方的"显示/隐藏效果和发送"按钮 ，展开目标轨道的效果设置栏，单击右侧设置栏上的 按钮，弹出音频效果下拉列表，如图 7-121 所示，选择需要使用的音频效果即可。可以在同一个音频轨道上添加多个效果并分别控制，如图 7-122 所示。

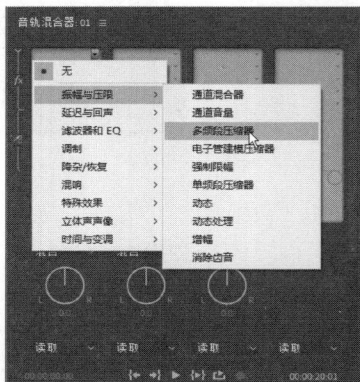

图 7-121

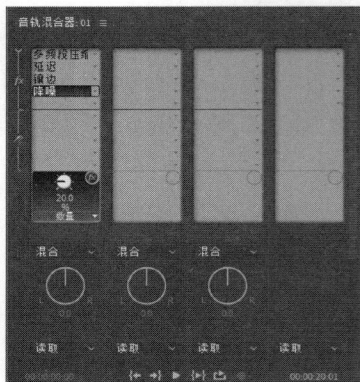

图 7-122

若要调节轨道的音频效果，可以单击鼠标右键，在弹出的快捷菜单中选择"编辑"命令，如图 7-123 所示，在弹出的效果设置对话框中进行更加详细的设置，图 7-124 所示为"镶边"效果的详细调整对话框。

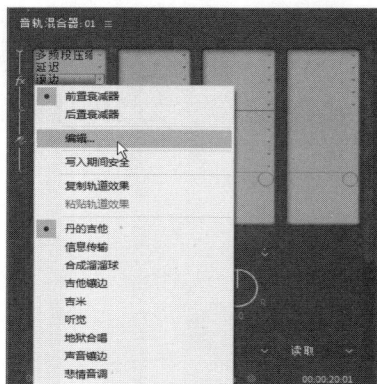

图 7-123

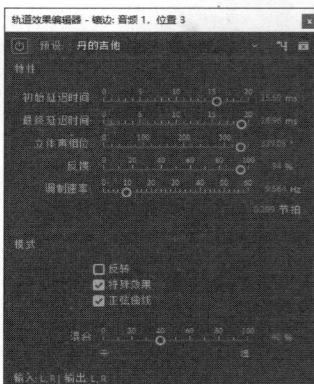

图 7-124

课堂练习——编辑壮丽黄河纪录片的音效

🔗 练习知识要点

使用"导入"命令导入素材文件，使用"自动颜色"效果调整素材颜色，使用"投影"效果和"预设"效果制作文字效果，使用"高音"效果为音频添加效果，最终效果如图 7-125 所示。

图 7-125

效果文件所在位置

Ch07/编辑壮丽黄河纪录片的音效/编辑壮丽黄河纪录片的音效.prproj。

课后习题——调整都市生活短视频的音频

习题知识要点

使用"导入"命令导入素材文件,使用"投影"效果和"预设"效果制作文字效果,使用"效果控件"面板调整视音频的淡出效果,使用"低通"效果为音频添加效果,最终效果如图 7-126 所示。

图 7-126

效果文件所在位置

Ch07/调整都市生活短视频的音频/调整都市生活短视频的音频.prproj。

08

第 8 章
项目输出

本章主要讲解 Premiere Pro 2021 中与节目最终输出有关的文件格式、项目的预演、选项的设置与各种格式文件的输出。通过对本章的学习，读者可以掌握渲染输出的方法和技巧。

学习目标

◇ 了解可输出的文件格式。
◇ 熟悉影片项目的预演。
◇ 掌握输出选项的设置方法。
◇ 熟练掌握输出各种格式文件的方法。

技能目标

◇ 掌握影片的预演设置流程。
◇ 掌握输出常用文件的方法。

素养目标

◇ 培养能够提出问题和解决问题的思考能力。
◇ 培养能够有效执行计划、灵活改动方案的实践能力。
◇ 培养能够与他人有效沟通的合作能力。

8.1　可输出的文件格式

在 Premiere Pro 2021 中，可以输出多种文件格式，包括视频格式、音频格式和图像格式等，下面进行详细介绍。

8.1.1　可输出的视频格式

在 Premiere Pro 2021 中可以输出多种视频格式，常用的选项有以下几种。

（1）AVI：选择该选项，输出 AVI 格式的视频文件，适合用于保存高质量的视频，但文件较大。

（2）动画 GIF：选择该选项，输出 GIF 动画文件，可以显示视频运动画面，但不包含音频部分。

（3）QuickTime：选择该选项，输出 MOV 格式的视频文件，用于 Windows 和 macOS，适合在网上下载。

（4）H.264：选择该选项，输出 MP4 格式的视频文件，适合输出高清视频。

（5）Windows Media：选择该选项，输出 WMV 格式的视频文件，适合在网络和移动平台上发布。

8.1.2　可输出的音频格式

在 Premiere Pro 2021 中可以输出多种音频格式，常用的有以下几种。

（1）波形音频：选择该选项，输出 WAV 格式的音频，只输出影片的声音，适合发布在各平台。

（2）AIFF：选择该选项，输出 AIFF 音频，适合发布在剪辑平台。

此外，Premiere Pro 2021 还可以输出 MP3、WMV 和 MOV 格式的音频。

8.1.3　可输出的图像格式

在 Premiere Pro 2021 中可以输出多种图像格式，其主要的图像格式有 Targa、TIFF 和 BMP 等。

8.2　影片项目的预演

影片预演是视频编辑过程中对编辑效果进行检查的重要手段，它实际上也属于编辑工作的一部分。影片预演分为两种，一种是实时预演，另一种是生成预演，下面分别进行讲解。

8.2.1　实时预演

实时预演，也称实时预览，即平时所说的预览。进行实时预演的具体操作步骤如下。

（1）影片编辑制作完成后，在"时间轴"面板中将时间标签移动到需要预演的片段开始位置，如图 8-1 所示。

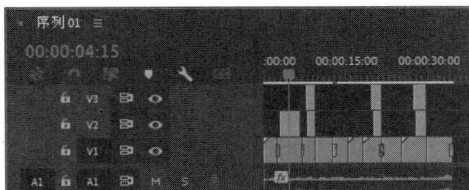

图 8-1

（2）在"节目"窗口中单击"播放-停止切换"按钮 ▶ / ■ ，系统开始或停止播放节目，在"节目"窗口中预览节目的最终效果，如图 8-2 所示。

图 8-2

8.2.2　生成预演

与实时预演不同的是，生成预演不是使用显卡对画面进行实时预演，而是使用计算机的 CPU 对画面进行运算，先生成预演文件，然后播放。因此，生成预演速度取决于计算机 CPU 的运算能力。生成预演播放的画面是平滑的，不会产生停顿或跳跃，所表现出来的画面效果和渲染输出的效果是完全一致的。生成预演的具体操作步骤如下。

（1）影片编辑制作完成以后，在适当的位置创建入点和出点，以确定要生成预演的范围，如图 8-3 所示。

（2）选择"序列>渲染入点到出点"命令，系统将开始进行渲染，并弹出"渲染"对话框显示渲染进度，如图 8-4 所示。

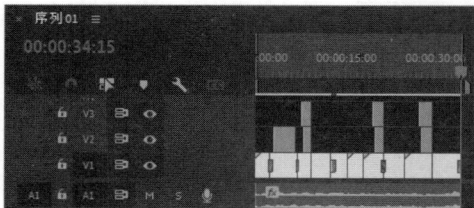

图 8-3

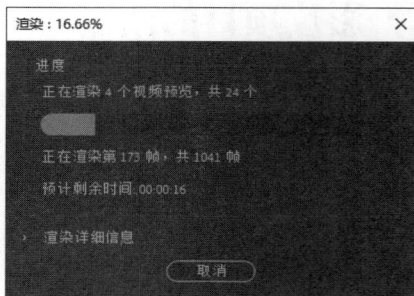

图 8-4

（3）在"渲染"对话框中单击"渲染详细信息"栏前面的 ▶ 按钮，可以查看渲染的开始时间、已用时间和可用磁盘空间等信息，如图 8-5 所示。

（4）渲染结束后，系统会自动播放该片段，在"时间轴"面板中，预演部分将显示绿色线条，如图 8-6 所示。

（5）如果用户先设置了预演文件的保存路径，就可以在计算机的硬盘中找到预演生成的临时文件，如图 8-7 所示。双击该文件，则可以脱离 Premiere Pro 2021 进行播放，如图 8-8 所示。

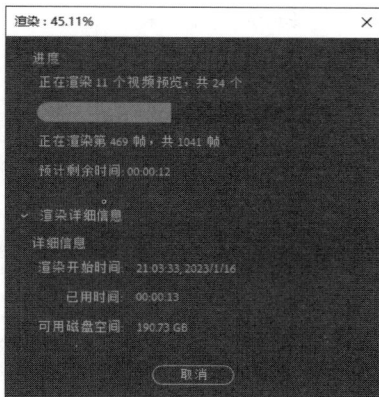

图 8-5

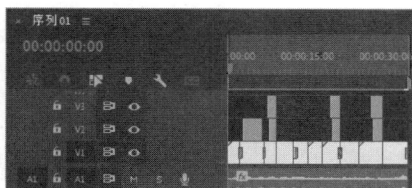

图 8-6

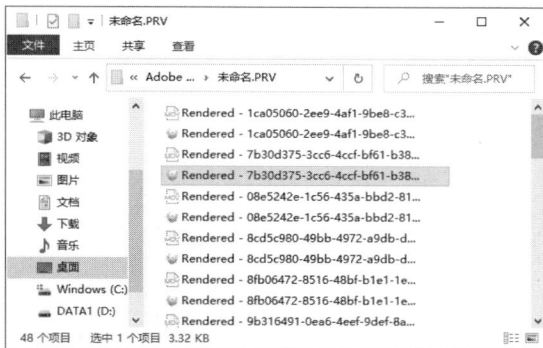

图 8-7

图 8-8

　　生成的预演文件可以重复使用，用户下一次预演该片段时会自动使用该预演文件。在关闭该项目文件时，如果不进行保存，预演生成的临时文件会自动被删除；如果用户在修改预演区域片段后再次预演，就会重新渲染并生成新的预演临时文件。

8.3　输出选项的设置

　　在 Premiere Pro 2021 中，既可以将影片输出为用于电影或电视播放的录像带，也可以输出为通过网络传输的网络流媒体格式，还可以输出为用于制作 VCD 或 DVD 光盘的 AVI 文件等。但无论输出的是何种类型，在输出文件之前，都必须合理地设置相关的输出选项，使输出的影片达到理想的效果。

8.3.1　输出选项

　　影片制作完成后即可输出，在输出影片之前，可以设置一些基本参数，具体操作步骤如下。

　　（1）在"时间轴"面板选择需要输出的视频序列，选择"文件>导出>媒体"命令，在弹出的对话框中进行设置，如图 8-9 所示。

　　（2）在对话框右侧的选项区域中设置文件格式及各输出选项。

图 8-9

8.3.2 "视频"选项区域

在"视频"选项区域中，可以为输出的视频指定使用的格式、品质及影片尺寸等相关的选项，如图 8-10 所示。

"视频"选项区域中主要选项的含义如下。

视频编解码器：通常视频文件的数据量很大，为了减少所占的磁盘空间，在输出时可以对文件进行压缩。在其下拉列表中可以选择需要的压缩方式，如图 8-11 所示。

质量：用于设置影片的压缩品质，通过调整品质的百分比来设置。

宽度/高度：用于设置影片的尺寸。我国使用 PAL 制，选择 720 像素×576 像素。

帧速率：用于设置每秒播放的画面数，提高帧速率会使画面播放得更流畅。如果将文件类型设置为 Microsoft Video 1，那么 DV PAL 对应的帧速率是固定的 29.97 帧/秒和 25 帧/秒；如果将文件类型设置为 AVI，那么帧速率可以选择 1～60 帧/秒的数值。

场序：用于设置影片的场扫描方式，有逐行、高场优先和低场优先 3 种方式。

长宽比：用于设置视频制式的画面比。单击其右侧的按钮，在弹出的下拉列表中选择需要的选项，如图 8-12 所示。

以最大深度渲染：勾选此复选框，可以提高视频质量，但会增加编码时间。

关键帧：勾选此复选框，可以指定在输出视频中插入关键帧的频率。

优化静止图像：勾选此复选框，可以将序列中的静止图像渲染为单帧图像，有助于减小输出的视频文件大小。

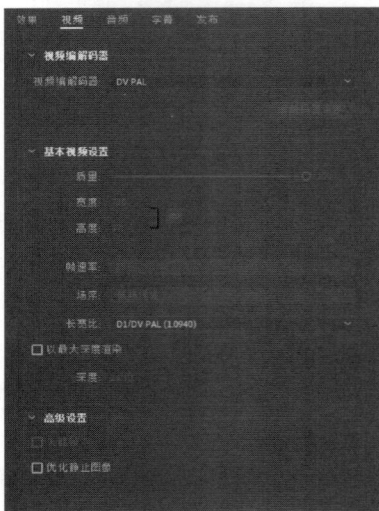

图 8-10

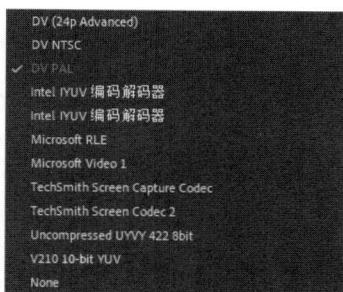

图 8-11

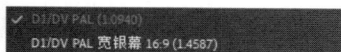

图 8-12

8.3.3 "音频"选项区域

在"音频"选项区域中，可以为输出的音频指定使用的压缩方式、采样速率及量化指标等相关的选项，如图 8-13 所示。

"音频"选项区域中主要选项的含义如下。

音频格式：选择音频输出的格式。

音频编解码器：为输出的音频选择合适的压缩方式进行压缩。

采样率：设置输出节目音频时所使用的采样速率。采样速率越高，播放质量越好，但所需的磁盘空间越大，占用的处理时间越长。

声道：在其下拉列表中可以为音频选择单声道、立体声或 5.1。

音频质量：设置输出音频的质量。

比特率：可以选择音频编码所用的比特率。比特率越高，质量越好。

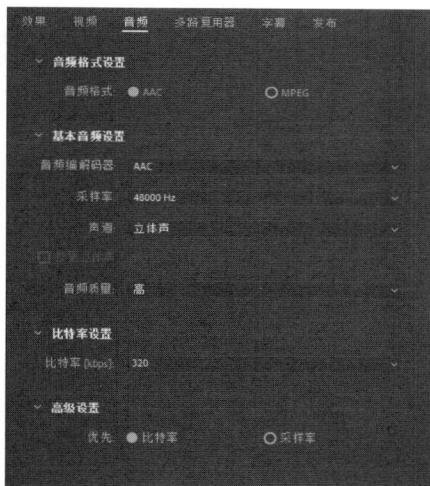

图 8-13

优先：选中"比特率"单选项，将基于所选的比特率限制采样率；选中"采样率"单选项，将限制指定采样率的比特率。

8.4 输出各种格式文件

Premiere Pro 2021 可以渲染输出多种格式文件，从而使视频剪辑更加方便、灵活。本节重点介绍各种常用格式文件渲染输出的方法。

8.4.1 输出单帧图像

在视频编辑中，可以将画面的某一帧输出，以便给视频动画制作定格效果。Premiere Pro 2021 中输出单帧图像的具体操作步骤如下。

（1）在"时间轴"面板中选择需要输出的序列。选择"文件>导出>媒体"命令，弹出"导出设置"对话框，在"格式"下拉列表中选择"TIFF"选项，在"输出名称"文本框中输入文件名并设置文件的保存路径，勾选"导出视频"复选框，在"视频"选项区域中取消勾选"导出为序列"复选框，其他选项保持默认状态，如图 8-14 所示。

图 8-14

（2）单击"导出"按钮，输出时间标签位置的单帧图像。

8.4.2　输出音频文件

Premiere Pro 2021 可以将影片中的一段声音或影片中的歌曲制作成音乐光盘等文件。输出音频文件的具体操作步骤如下。

（1）在"时间轴"面板中选择需要输出的序列。选择"文件>导出>媒体"命令，弹出"导出设置"对话框，在"格式"下拉列表中选择"MP3"选项，在"预设"下拉列表中选择"MP3 128 kbps"选项，在"输出名称"文本框中输入文件名并设置文件的保存路径，勾选"导出音频"复选框，其他选项保持默认状态，如图 8-15 所示。

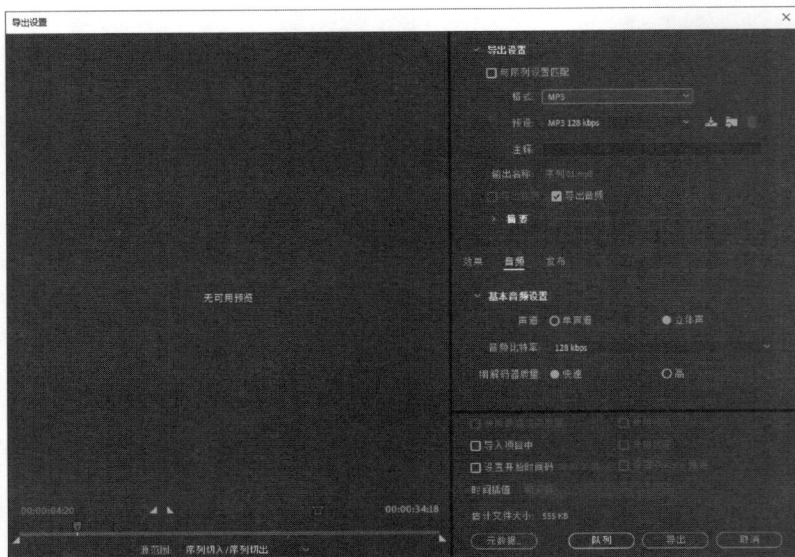

图 8-15

（2）单击"导出"按钮，输出音频。

8.4.3　输出影片

输出影片是最常用的输出方式之一。将编辑完成的项目文件以视频格式输出，可以输出编辑内容的全部或者某一部分，也可以只输出视频内容或者只输出音频内容，一般将全部的视频和音频一起输出。

下面以 AVI 格式为例，介绍输出影片的方法，具体操作步骤如下。

（1）在"时间轴"面板中选择需要输出的序列。选择"文件>导出>媒体"命令，弹出"导出设置"对话框。

（2）在"格式"下拉列表中选择"AVI"选项。在"预设"下拉列表中选择"PAL DV"选项，如图 8-16 所示。

图 8-16

（3）在"输出名称"文本框中输入文件名并设置文件的保存路径，勾选"导出视频"复选框和"导出音频"复选框。

（4）设置完成后，单击"导出"按钮，即可输出 AVI 格式影片。

8.4.4　输出静态图片序列

在 Premiere Pro 2021 中，可以将视频输出为静态图片序列，也就是说，将视频画面的每一帧都输出为一张静态图片，这一系列图片中每张图片都具有一个自动编号。这些输出的静态图片序列可用于 3D 软件中的动态贴图，并且可以移动和存储。

输出静态图片序列的具体操作步骤如下。

（1）影片制作完成后，在"时间轴"面板中设定只输出视频的一部分内容，如图 8-17 所示。

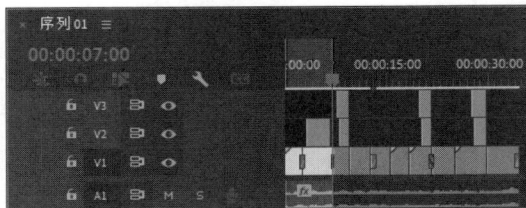

图 8-17

（2）选择"文件>导出>媒体"命令，弹出"导出设置"对话框，在"格式"下拉列表中选择"TIFF"
选项，在"输出名称"文本框中输入文件名并设置文件的保存路径，勾选"导出视频"复选框，在
"视频"选项区域中必须勾选"导出为序列"复选框，其他选项保持默认状态，如图 8-18 所示。

图 8-18

（3）单击"导出"按钮，输出静态图片序列。

09

第 9 章
综合设计实训

本章通过 5 个案例，进一步讲解 Premiere Pro 2021 的功能特色和应用领域，帮助读者快速地掌握软件功能和知识要点，制作出变化丰富的多媒体效果。

学习目标

◇ 掌握软件的使用方法。
◇ 了解 Premiere Pro 2021 的常用设计领域。
◇ 掌握 Premiere Pro 2021 在不同设计领域的使用技巧。

技能目标

◇ 掌握武汉城市形象宣传片的制作方法。
◇ 掌握中华美食栏目包装的制作方法。
◇ 掌握智能家电电商广告的制作方法。
◇ 掌握环保广告宣传片的制作方法。
◇ 掌握传统节日 MV 的制作方法。

素养目标

◇ 培养加工处理并合理使用信息的能力。
◇ 培养能够认真倾听的沟通交流能力。
◇ 培养对自己职业发展有明确目标的就业与创业思维。

9.1　制作武汉城市形象宣传片

9.1.1　项目背景及要求

1．客户名称

XX 广播电视集团。

2．客户需求

XX 广播电视集团是一家介绍新闻资讯、影视娱乐、社科动漫、时尚信息、生活服务等信息的综合性广播电视集团。本例是为该集团制作武汉城市形象宣传片，要求符合宣传主题，体现城市独特的人文和定位。

3．设计要求

（1）设计以城市宣传视频为主。

（2）设计形式前后呼应、过渡自然。

（3）画面色彩丰富多样，能表现城市特色。

（4）设计内容多样化，能体现城市独特的人文和定位。

（5）设计规格：帧大小为 1280 像素×720 像素，时基为 25.00 帧/秒，像素长宽比为"方形像素(1.0)"。

9.1.2　项目创意及制作

1．设计素材

图片素材所在位置：云盘中的"Ch09/制作武汉城市形象宣传片/素材/01～11"。

2．效果展示

效果文件所在位置：云盘中的"Ch09/制作武汉城市形象宣传片/制作武汉城市形象宣传片.prproj"，效果如图 9-1 所示。

图 9-1

3．技术要点

使用"导入"命令导入素材文件，使用入点和出点调整素材文件，使用"效果控件"面板编辑素材画面的大小，使用"速度/持续时间"命令调整视频速度，使用"效果"面板添加过渡和效果，使用"文字"工具和"基本图形"面板添加介绍文字和图形。

9.2 制作中华美食栏目包装

微课视频

制作中华美食栏目包装

扩展案例

烹饪节目

9.2.1 项目背景及要求

1. 客户名称

大山美食生活网。

2. 客户需求

大山美食生活网是一个提供丰富的美食内容与大量的饮食资讯的个人网站。本例是为该网站制作中华美食栏目包装，要求展现美食的制作过程，给人健康、美味和幸福的感觉。

3. 设计要求

（1）设计内容以烹饪的过程为主。

（2）使用简洁、干净的背景，体现洁净、健康的主题。

（3）设计简单、有趣、易记。

（4）整个设计与生活密切相关，充满特色。

（5）设计规格：帧大小为 1920 像素×1080 像素，时基为 25.00 帧/秒，像素长宽比为"方形像素(1.0)"。

9.2.2 项目创意及制作

1. 设计素材

图片素材所在位置：云盘中的"Ch09/制作中华美食栏目包装/素材/01～13"。

2. 效果展示

效果文件所在位置：云盘中的"Ch09/制作中华美食栏目包装/制作中华美食栏目包装.prproj"，效果如图 9-2 所示。

图 9-2

3. 技术要点

使用"导入"命令导入素材文件，使用入点和出点调整素材文件，使用"速度/持续时间"命令调整视频速度，使用"效果"面板添加过渡和效果，使用"文字"工具和"基本图形"面板添加介绍文字和图形。

9.3 制作智能家电电商广告

9.3.1 项目背景及要求

1. 客户名称

伊万电器公司。

2. 客户需求

伊万电器公司以简洁、卓越的品牌形象、不断创新的公司理念和竭诚、高效的服务质量闻名。现该公司推出新款智能家电，要求制作宣传广告，用于平台宣传及推广，设计以系列家电为主要内容，能表现出丰富的产品类型及高品质的品牌特色。

3. 设计要求

（1）广告内容以实物为主，以鲜艳的背景色衬托。

（2）色调鲜艳、明亮，带来热闹、喜庆的视觉感受。

（3）整体设计富有寓意且紧扣主题。

（4）设计风格具有特色，能够引起人们的关注及订购的兴趣。

（5）设计规格：帧大小为 1280 像素×720 像素，时基为 25.00 帧/秒，像素长宽比为"方形像素(1.0)"。

9.3.2 项目创意及制作

1. 设计素材

图片素材所在位置：云盘中的"Ch09/制作智能家电电商广告/素材/01～05"。

2. 效果展示

效果文件所在位置：云盘中的"Ch09/制作智能家电电商广告/制作智能家电电商广告.prproj"，效果如图 9-3 所示。

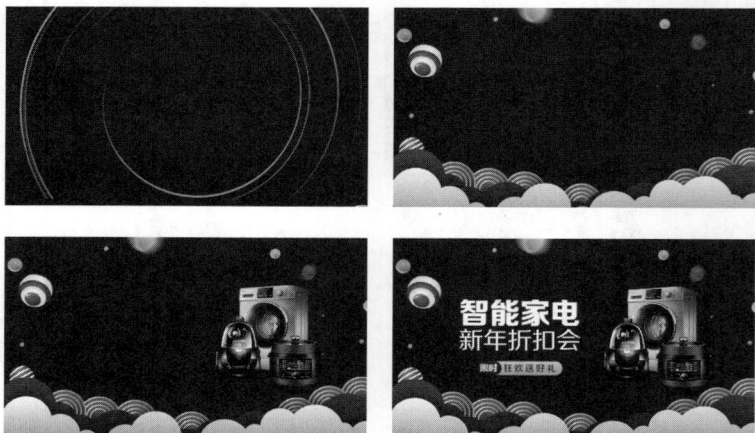

图 9-3

3. 技术要点

使用"导入"命令导入素材文件，使用"旋转扭曲"效果为背景制作扭曲效果，使用"基本图形"面板添加文本，使用"效果控件"面板制作缩放与不透明度效果，使用"划出"效果为文字制作划出效果。

9.4 制作环保广告宣传片

9.4.1 项目背景及要求

1. 客户名称

星旅电视台。

2. 客户需求

星旅电视台是一家旅游电视台，强调宏观上打造专业旅游频道与微观上综合满足观众娱乐需要的节目特征之间的高度统一性，以旅游资讯为主，时尚、娱乐并重。为了配合电视台大力宣传环保的行动，需要制作环保广告宣传片，要求符合环保的主题，体现出低碳、节能的绿色生活。

3. 设计要求

（1）设计风格直观醒目、引人深省。

（2）设计形式独特且充满创意感。

（3）表现形式层次分明、活泼、不呆板。

（4）能够引发人们参与保护环境的行动。

（5）设计规格：帧大小为 1280 像素×720 像素，时基为 25.00 帧/秒，像素长宽比为方形像素(1.0)。

9.4.2 项目创意及制作

1. 设计素材

图片素材所在位置：云盘中的"Ch09/制作环保广告宣传片/素材/01 和 02"。

2. 效果展示

效果文件所在位置：云盘中的"Ch09/制作环保广告宣传片/制作环保广告宣传片.prproj"，效果如图 9-4 所示。

图 9-4

3. 技术要点

使用"导入"命令导入素材文件，使用剪辑点调整素材，使用"投影"效果为素材添加投影，使用"效果控件"面板制作风车和云动画。

9.5 制作传统节日 MV

微课视频	扩展案例
制作传统节日 MV	新年歌曲 MV

9.5.1 项目背景及要求

1. 客户名称

传统文化教育网站。

2. 客户需求

传统文化教育网站是一家旨在对我国的传统节日、风俗习惯和传统技艺等特色文化进行宣传、保护，并将其发扬光大的文化教育网站。本例要求进行传统节日 MV 的制作，展现节日特色，符合大众审美。

3. 设计要求

（1）设计以节日主题元素为主。

（2）设计形式新颖，能吸引人们的关注。

（3）画面色彩对比强烈，体现出喜庆、吉祥。

（4）设计排版合理，能够凸显宣传的重点。

（5）设计规格：帧大小为 1280 像素×720 像素，时基为 25.00 帧/秒，像素长宽比为"方形像素(1.0)"。

9.5.2 项目创意及制作

1. 设计素材

图片素材所在位置：云盘中的"Ch09/制作传统节日 MV/素材/01 和 02"。

2. 效果展示

效果文件所在位置：云盘中的"Ch09/制作传统节日 MV/制作传统节日 MV.prproj"，效果如图 9-5 所示。

图 9-5

3. 技术要点

使用"导入"命令导入素材文件，使用剪辑点调整素材，使用"投影"效果为素材添加投影，使用"效果控件"面板调整素材的位置、旋转和不透明度，使用蒙版制作文字动画。

9.6 课堂练习 1——设计古迹绮春园纪录片

微课视频

设计古迹绮春园
纪录片

9.6.1 项目背景及要求

1. 客户名称

绮春园。

2. 客户需求

绮春园是一处有着悠久历史和深厚文化底蕴的园林古迹，现需要为其制作一部能够反映绮春园历史沿革、建筑格局以及景观特色的园林文化纪录片。该纪录片要求以纪实为主，带领观众逐步领略绮春园的韵味。

3. 设计要求

（1）画面以虚实结合的形式进行表述。

（2）以园林内不同景观为主要内容。

（3）使用低明度的色调营造古典、优雅的氛围。

（4）整个设计充满特色，让人印象深刻。

（5）设计规格：帧大小为 1280 像素×720 像素，时基为 25.00 帧/秒，像素长宽比为"方形像素(1.0)"。

9.6.2 项目创意及制作

1. 设计素材

图片素材所在位置：云盘中的"Ch09/设计古迹绮春园纪录片/素材/01~03"。

2. 效果展示

效果文件所在位置：云盘中的"Ch09/设计古迹绮春园纪录片/设计古迹绮春园纪录片.prproj"，效果如图 9-6 所示。

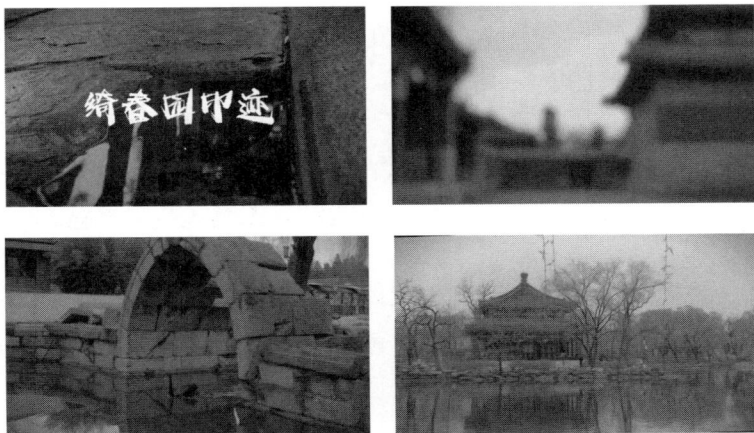

图 9-6

3. 技术要点

使用"导入"命令导入素材文件，使用"剃刀"工具切割素材，使用"Lumetri 预设"效果和"自动颜色"效果调整素材颜色，使用"效果控件"面板制作文字动画，使用"效果"面板添加素材间的过渡。

9.7 课堂练习 2——设计校园生活宣传片

9.7.1 项目背景及要求

1. 客户名称

致远中学网站。

2. 客户需求

致远中学网站是一个提供学校教学、管理以及校园内外对接等多项服务的网络平台，具有校园宣传、教育教学资源共享、信息交流和协同合作等多项功能，致力于为学生家长以及老师提供良好的教学服务。现要求设计校园生活宣传片，要求符合中学生的喜好，以学生的视角展现青春满满的校园生活。

3. 设计要求

（1）设计以校园建筑以及环境为主要元素。

（2）设计体现现代化、年轻化的特点。

（3）画面色调能够展现少年朝气蓬勃的感觉。

（4）营造出欢快、愉悦的氛围，能够引起学生的好奇及兴趣。

（5）设计规格：帧大小为 1280 像素×720 像素，时基为 25.00 帧/秒，像素长宽比为"方形像素(1.0)"。

9.7.2 项目创意及制作

1. 设计素材

图片素材所在位置：云盘中的"Ch09/设计校园生活宣传片/素材/01～07"。

2. 效果展示

效果文件所在位置：云盘中的"Ch09/设计校园生活宣传片/设计校园生活宣传片.prproj"，效果如图 9-7 所示。

图 9-7

3. 技术要点

使用"导入"命令导入素材文件，使用入点、出点和剪辑点调整素材文件，使用"速度/持续时间"命令调整视频播放速度，使用"效果"面板为素材添加"色阶""快速颜色校正器""RGB 曲线""投影""快速模糊"等效果，使用"旧版标题"命令添加宣传文字。

9.8　课后习题 1——设计大雪节气宣传片

9.8.1　项目背景及要求

1．客户名称

星河漫游旅行社。

2．客户需求

星河漫游旅行社是一家专注于带领游客体验不同节气、不同地域文化的旅行社，致力于在每个不同节气打造独特、令人难忘的节气之旅。现要求为该旅行社设计大雪节气宣传片，以展示大雪节气的独特之美，吸引更多的游客。

3．设计要求

（1）展示大雪节气特色，展现大雪时节冰雪覆盖的美丽景象。

（2）画面有人物点缀，勾勒出冰雪世界的魅力。

（3）体现冰雪季节的乐趣。

（4）文字设计能够起到均衡画面的效果。

（5）设计规格：帧大小为 1280 像素×720 像素，时基为 25.00 帧/秒，像素长宽比为"方形像素(1.0)"。

9.8.2　项目创意及制作

1．设计素材

图片素材所在位置：云盘中的"Ch09/设计大雪节气宣传片/素材/01～03"。

2．效果展示

效果文件所在位置：云盘中的"Ch09/设计大雪节气宣传片/设计大雪节气宣传片.prproj"，效果如图 9-8 所示。

图 9-8

3．技术要点

使用"导入"命令导入素材文件，使用"快速模糊入点"效果为文字和树枝制作模糊效果，使用"嵌套"命令制作素材的嵌套，使用"效果控件"面板调整不透明度进行效果的融合。

9.9 课后习题 2——设计旅行节目片头

微课视频

设计旅行节目片头

9.9.1 项目背景及要求

1. 客户名称

悦山旅游电视台。

2. 客户需求

悦山旅游电视台主要介绍时尚旅游资讯，提供实用的旅行计划，传播时尚生活和潮流消费等信息。本例是为该电视台设计旅行节目片头，要求符合节目主题，体现丰富多样的旅游景色和舒适安全的旅游环境。

3. 设计要求

（1）设计以风景元素为主。

（2）设计形式简洁、明晰，能表现片头特色。

（3）画面色彩真实、形象，给人自然、舒适的印象。

（4）设计风格醒目、直观，能够让人产生向往之情。

（5）设计规格：帧大小为 1280 像素×720 像素，时基为 25.00 帧/秒，像素长宽比为"方形像素(1.0)"。

9.9.2 项目创意及制作

1. 设计素材

图片素材所在位置：云盘中的"Ch09/设计旅行节目片头/素材/01～07"。

2. 效果展示

效果文件所在位置：云盘中的"Ch09/设计旅行节目片头/设计旅行节目片头.prproj"，效果如图 9-9 所示。

图 9-9

3. 技术要点

使用"导入"命令导入素材文件，使用"效果控件"面板调整素材画面的大小并制作动画，使用"颜色平衡"效果、"高斯模糊"效果和"色阶"效果为素材文件制作特殊效果，使用"基本图形"面板添加文字和图形。